가모 관리학 Wig

이승미 · 채선숙

경춘사

가모
관리학
Wig

초판1쇄 인쇄	2012년 8월 20일
초판1쇄 발행	2012년 9월 1일
저자	이승미 · 채선숙
발행인	안중기
발행처	경춘사
출판등록	제 10-153
등록일	1987년 11월 28일
주소	서울특별시 마포구 공덕동 117-25호 경춘빌딩 101호
전화	02) 716-2502, 714-5246
팩스	02) 704-0688
정가	20,000원
ISBN	978-89-5895-107-0 93590

가모 관리학
Wig

Wig

머 리 말

인간은 자신의 신체를 통해서 아름다움을 추구하고 즐거움과 행복을 느끼며 살아갑니다. 이러한 인간의 심리는 미용이라는 분야를 발전시키고 인간의 욕구를 담당하는 매우 중요한 역할을 합니다

또한 미용은 대학의 미용관련학과에 많은 변화와 발전을 거듭하여 성장하고 있습니다.

많은 미용분야에서 두피와 탈모에 대한 관심과 연구가 진행되고 있지만 가모에 대한 연구는 다소 부족하다고 할수 있습니다. 이에 가모관리학은 이제 발전하는 과목으로 최근에는 미용학과에서 대학의 교과목으로 채택되어 많은 학생들이 배우고 있습니다. 더불어백화점이나 가모전문샵이 늘어나고 있는 추세이며 미용관련샵에서 각광받고 있는 현실입니다.

이에 가모분야를 체계적으로 배우고자 하는 가모관리사들에게 조금이나마 보탬이 되고자 이론과 실기에 대한 전반적인 내용을 준비하였습니다.

1장은 가모의 역사 2장은 상담학 관점에서 보는 두상학 3장은 가모학에서 보는 모발생리학 4장은 가모 소재학 5장은 가모 디자인학 6장은 가모관리학 7장은 가모헤어스타일링 8장은 가모상담학으로 가모에 필요한 기본개념과 기초지식을 갖추고 현장에 대한 실무등 다양한 지식을 서술하여 알기 쉽게 하였습니다.

이 책이 미용교육과 가모산업의 발전에 보탬이 되고 가모관리사들에게 큰 지침서 역할이 되길 바랍니다. 하지만 마무리하다보니 많이 부족하고 아쉬운 부분이 많음을 느낍니다. 앞으로 이런 점들을 끊임없이 보완하고 수정해 나갈 것을 약속드리며 가모분야가 더욱 발전하기를 기원합니다.

끝으로 본서가 출간 될 수 있도록 도움을 주신 모든 분들과 출판을 위해 수고해 주신 경춘사 안중기 사장님과 임직원 여러분들게 깊은 감사를 드립니다.

2012년 8월 저자 일동

Wig

목 차

1장 가모(가발)의 역사

상담학 관점에서 보는 두상학 2장

가모학에서 보는 모발생리학 3장

4장 가모 소재학

5장 가모 디자인학

가모 관리학 6장

가모 헤어 스타일링 7장

가모상담학 8장

가모(가발)의 역사

1장

Ⅰ. 가모의 역사 및 유래

Ⅱ. 가모의 정의 및 개념

Ⅲ. 가모관리사의 필요성과 목적

Ⅳ. 가모관리 시장의 현황과 전망

Wig

I

가모의 역사 및 유래

가모은 고대시대 초기부터 이용된 것으로 추정된다. 예를 들어 고대 이집트인늘은 삭발한 머리를 태양으로부터 보호하기 위해 가모를 썼으며 아시리아인 · 페니키아인 · 그리스인 · 로마인들도 이따금 인조가모를 썼다고 한다. 그러나 엘리자베스 여왕처럼 가모를 장식용이나 외모의 결점 보완용으로 사용하는 것이 보편화된 것은 16세기 이후였다. 1624년 루이 13세는 고대 이집트 시대부터 남자들이 착용했던 페리위그 즉 퍼루크를 다시 유행시켰으며, 1665년 프랑스에서는 가모제조업자들의 길드가 만들어지면서 가모산업이 시작되었다. 가모는 1세기가 넘도록 계급을 구별하는 상징의 역할을 하였으며, 17세기에 최고로 발달한 가모는 등 · 어깨를 덮고 가슴까지 흘러내렸다.

서구의 남성들은 18세기까지 여러 가지 형태의 가모를 썼으나, 프랑스 혁명과 미국 독립전쟁 이후에는 가모를 비롯해 사회적 지위의 상징으로 사용되던 도구들이 대부분 사라지게 되었다. 18세기 이후 여자들은 남이 모르게 가모를 착용하였다. 20세기에 들어선 뒤로는 자연스런 모양을 한 여성용 가모의 인기가 높아지면서 헤어스타일을 당당하게 표출하기 위하여 가모를 착용하는 분위기가 조성되었다.

사람의 두발을 인위적으로 다듬는 모양새. 사람이 머리를 언제부터 다듬게 되었는지 알 수 없으나 긴 머리카락을 그대로 늘어뜨리는 피발을 하다가 사회가 발달함에 따라 활동하기 좋으며 아름답고 위엄을 나타내기 위해서 수발(修髮)하게 되었을 것이다. 우리나라 사람이 머리를 수발한 시기는 매우 오래된 것으로 보인다. 우리나라는 샤머니즘에서부터 삼국시대 거쳐 고려에서 조선시대까지 다양한 가모를 사용하였다. 주로 그 시대에 따라 많은 가체(月子)를 사용하였으며 신라 성덕왕 때는 예물로 보냈던 기록으로 보아 비싼 명품으로 사용되었다는 것을 추측할 수 있다. 조선시대 역시 가체를 구하기 위해 서민들까지 참여하였으며 사치풍조가 심했던 조선후기에는 가체금지령이 내려졌다고 기록되어 있다. 이러한 가모는 현재까지도 꾸준히 사용되고 있음을 알 수 있다.

01 서양의 가모

서양에서는 BC 30세기경 고대 이집트에서 처음으로 가모를 사용하였으며, 장식은 물론이고, 분장용이나 장식품으로, 또는 위엄을 나타내기 위하여 오래 전부터 사용 되어 왔다. 고대 로마에서 남성은 변장과 대머리를 감추기 위하여 가모를 쓰는 정도였고, 여성의 경우에는 머리모양과 색이 다양화되면서 가모가 이용되었다. 최고(最古)의 재료로는 사람의 머리털을 사용 하였으며, 양(羊)의 털이나 종려(棕櫚)잎의 섬유 등을 사용하기도 하였다. 색상은 검은색을 가장 많이 사용하였고 BC 12세기경에는 빨강 · 파랑 · 노랑 · 초록 등 여러 가지 빛깔이 출현하였으며, 헤나 염료(henna 染料)나 인디고(indigo) 등으로도 염색하였다 고대 이집트의 가모는 대개 밀랍 등으로 굳힌 컬(curl)과 변발(髮)을 만들어 낸 것이 많았고 남녀가 함께 사용하였다. 일반적으로 남성은 자기 머리를 깎고 사용하였으나 여성은 자기 머리 위에 가모를 썼다. 고대 로마 때에 남성은 대머리를 감추거나 변장을 하기 위해서 가끔 사용하는 정도였으나 여성의 경우에는 머리의 모양과 색상이 다양화됨에 따라서 폭넓게 이용되었다. 그러나 3세기에는 보편화되어서 변발이나 아이론으로 머리털을 곱슬곱슬하게 컬을 하고, 또 웨이브를 짓는 것이 유행하였다. 질이 좋은 가모는 그 심(芯)에 양피(羊皮)를 사용한 것이었는데, 블론드(blond) 계통의 색상이 크게 인기가 있었다. 북쪽의 갈리아 사람들에게서 구입한 머리털을 가모로 쓴 것은 문헌상의 기록으로도 알 수가 있다.

장식은 물론 머리를 햇볕으로부터 보호하는 역할을 위해 중류층은 짧은 가모, 부유층은 인모로 만든 가모를 착용하여 외관상의 신분을 결정 하였다. 가모색은 검정색이 많고 때로는 진한 청색 또는 황금색으로 물들이기도 했다. 17세기 여자들은 가모를 사용해서 머리를 높게 빗어 올려 보석과 같은 아름다운 핀으로 장식 하였다. 헤어패드의 시조인 작은 쿠션으로 모발에 넣어 대형 헤어스타일을 만들기도 했고, 여성의 머리모양이 높으면 높을수록 관심을 집중 시켰다. 귀부인들은 머리를 높게 하기 위해서 풀기를 넣은 포마드로 머리를 고정했다. 또 인위적인 가모가 등장하여 남자들도 사용하였다. 프랑스 궁전에서도 가모 쓰는 것이 유행 하였으며, 프랑스 궁전 내에서 가모장이 즉, 가모관리사를 200여명이나 수용했다. 또한 가모의 역사를 시대별로 정리해 보면 아래와 같다.

AC 3C에는 Wave형 가모가 보편화 되면서 변발이나 아이롱으로 웨이브를 짓는 것이 유행 하였다.

AC 16C에는 북쪽의 갈리아 사람들에게서 머리카락을 구입하여 재등장 시켰으며 이때의 가모는 부분 가모가 성행 되었다. 17C 초에는 프랑스 궁전에서도 가모가 유행되었고 17세기 후반에는 전 유럽에 보급되었다. 이때의 재료는 말이나 양의 털을 사용했으며, 여성의 경우는 주로 부분가모나 붙임 털을 썼으며 남성의 경우는 부채와 같이 끝이 넓어진 가모(full bottomed wig)가 대표적인 것이었다.

17C 후반에는 화려한 의상과 조화되어 매우 중후하고 거창한 형태로 변화해오면서 여성의 머리 스타일은 초기에는 포마드로 굳혀서 높이 빗어 올림고루이 14세 시대에 퐁따쥬라는 머리형이 잠시 등장하였다. 또한 가모가 허리에 이를 정도라고 하였으며 18세기 유럽전체에 보급되기 시작하였다.

18C에는 프랑스 궁정 내에 200여명의 가모장이도 수용하였으며, 영국 상류층의 멋쟁이들은 말 털이나 양털대신 여성의 머리로 만든 가모를 구입하기 위하여 수많은 돈을 지불하여 구입하였다고 전해지며 또한 도난당하는 사례가 빈번하게 생겼다고 한다. 또한 영국의 판사들은 법정에서 가모를 쓰는 관습이 남아 있다. 주머니 가모 · 결발(結髮) · 피그테일(pigtail) 등 새로운 양식이 생기고, 오늘날지도 17세기에 시작되었던 회색 · 블론드색 등의 가루를 뿌리는 것도 더욱 유행되었다.

19C에는 특히 프랑스 가모가 대표적이고 다양하다. 오늘날 가모 Color Sample의 원조가 " J.L. Color-Ring" 도 프랑스에서 유래되었다.

19세기 후반에도 프랑스에서는 여성의 가모가 대유행이었고, 제2차 세계

대전 후부터 오늘날에 이르기까지 인모(人毛)나 화학섬유의 가모 또는 헤어피스(hair piece)가 사용되고 있다.

20C에는 인조머리의 개발로 보다 용도가 다양해 졌으며 Halloween Day용, Carnival용, 판촉용,Cheer Girl용 등이 있다.

1) 이집트(Egypt)의 가모형태

• 그림 1-1 •

클라프트와 인공수염

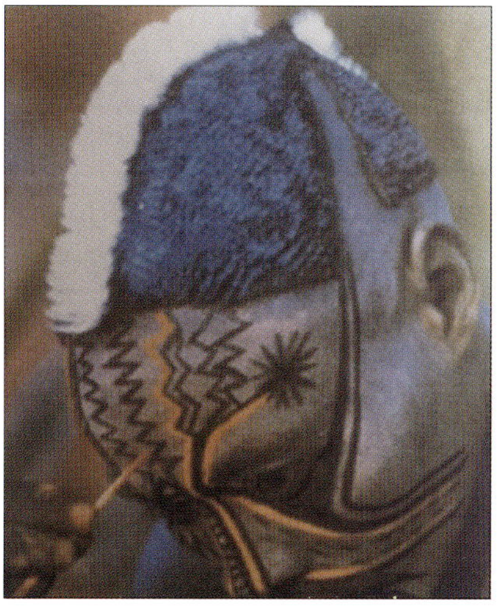

이성 유인설

네페르티티여왕

고대 이집트는 세계4대 문명 발상지로써 최초의 민족 국가 였으며 나일강 중심으로 농경생활을 정착 시켰고 정차, 문화, 예술 등에서 우수한 문화를 발달시켰다. 복식은 아열대성 기후의 영향으로 인해 단순하고 개방적인 형태로 발달하였으며 B.C 7500년 경부터 화장을 시작하였고 B.C 3000년 경부터 미용술이 종교적 의식의 절차에서 시작되었다. 머리 형태는 노프렛 여왕의 중간 가르마 수평컷트를 하면서 삭발한 머리를 강한 태양열로부터 보호하기위해 모자 대신 가모를 사용하였다. 특히 분장용, 장식품으로 사용하였으며, 위험을 나타내기위하여 사용되어졌다.

2)그리스의 가모형태

그리스 문화는 기독교와 함께 정신적 지주가 되어 인간적이고 합리적이며 이상주의적인 문화로서 인간의 이성을 중시하며 도시 국가 생활이 생겨 났다.

그리스인들은 온난한 지중해성 기후와 인간의 자연스러운 육체의 아름다움과 율동미를 중요시 하였다.

머리 형태를 살펴보면 초기에는 남.여 모두 땋아서 어깨까지 늘어 뜨렸고, 금발을 좋아하여 잿물이나 노란꽃을 우려 온 종일 햇빛에 앉아 있기도 하였다. 햇빛이 강한 날에는 펠로스를 머리 위 까지 쓰고 그 위에 돌리아를 쓰기도 하였으며 인조가모를 썼다고 한다.

• 그림 1-2 •

그리스 풍의 머리모양

펠로스와 돌리아

중세시대 : 관을 쓴 황후

3) 로마시대의 가모형태

지중해의 이탈리아 반도에 위치하여 주위의 민족들과 자연스럽게 국제적인 문물 교류가 일찍부터 행하여 졌다. 민족 문화의 장점을 모방하여 로마는 합리적이고 실질적인 문화를 재현 하였다. 또한 특권을 중요시 하였기 때문에 의복 자체가가 계급 표식으로 이용되어 왔고 자신의 몸을 단장하고 가꾸는데 많은 시간과 인력을 투자하여 그들만의 스타일을 만드는데 열을 올렸다. 머리형태는 시대에 따라 단순함에서 복잡한 형으로 다양하게 변했다.

남성은 변장과 대머리를 감추기 위하여 가모를 쓰는 정도 였으며 여성은 머리모양과 컬러의 변화로 다양해 졌다고 할 수 있다.

• 그림 1-3 •

고대 여성의 머리형태

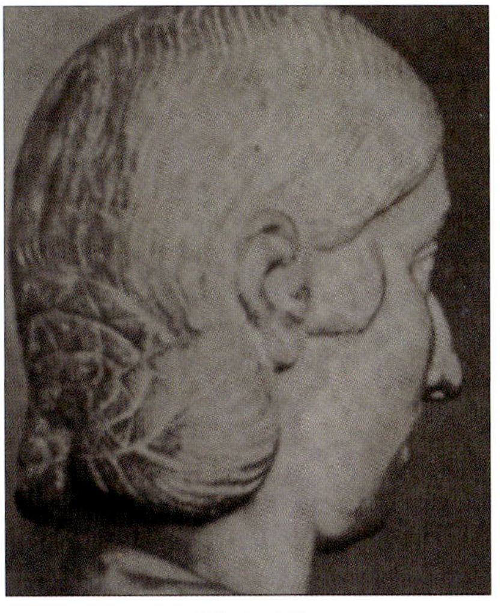
쉬뇽스타일

4) 르네상스(Renaissance)시대의 가모형태

인간 중심의 순수한 미의식의 회복을 추구 한다는 창조적 목표를 가지고 그리스 로마의 예술 장식을 모방하였으며, 남녀 불문 기교 적이고 가장된 장식으로 인위적인 인체미를 강조했다. 엘리자베스여왕은 붉은색의 머리카락과 여러 가지의 가모를 사용하여 패션의 우상으로서 주목을 끌었으며 귀족여성들에게 유행과 함께 신분의 차이를 나타냈다.

5) 바로크(Barqur)시대의 가모형태

바로크양식은 조화와 균형이 파괴된 데서 오는 부조화나 황당무게함 등을 본질적 특색으로 갖고 있으며 엄격하고 품위있는 이지적인 감각을 지닌 열정적이고 인기풍으로 사치를 중요시하며 루이 14세 머리형태인 퐁파두르 머리(가모를 사용하여 머리카락을 높게 올린후 다이아몬드와 같은 보석과 진주를 장식하여 귀족적인 분위기를 나타내며 리넨 또는 레이스를 사용)를 했다.

• 그림 1-4 •

황금색의 머리

엘리베스 여왕 패션

바로크시대:퐁땅주 머리형

재현 작품

6)로코코(Rococo)시대의 가모형태

로코코시대는 1760년부터 머리형이 변화가 나타나 머리형이 거대하게 높아졌고. 이는 마리 앙뜨와네뜨에 의해서 더 고조 되었다. 로코코시대의 여성들은 옷보다 머리에 관심이 많아 대부분 가모를 사용하여 단순한 머리 뿐 만 아니라 여러 가지 형태로 조형물을 올려 각기 명칭을 붙였다. 이시대의 취향은 미리형을 예술적이고 환상적인 것의 극치로 표현했으며 장식기교 가능성의 극한점까지 도달 하였다

• 그림 1-5 •

마리 앙뜨와네뜨 머리형태

재현 작품

7) 근대시대(19세기)의 가모형태

1799~ 1815년까지의 유럽의 역사는 프랑스의 역사라 할수 있으며, 나폴레옹의 영웅적 생애가 펼쳐진 시대라 할수 있다. 영국의 경우처럼 면방직과 모직의 섬유공업을 비롯하여 그발전은 놀랍게 변화 하였다.

황비 죠세핀(Josephine) 에 의해서 흰 머슬린의 얇은 하이웨스트의 슈미즈 드레스와 짧게 자른 머리형이 유행 되었다.

• 그림 1-6 •

곱슬머리 컬 머리 유행

엠파이어 스타일의 복식

02 한국의 가모

한국에서는 머리숱이 적은 여인들이 다리(月子)를 달아 쪽을 진 것이 가모의 시초라고 할 수 있다. 당(唐)나라에 사신을 보내는 신라 성덕왕 때에 다리를 예물로 가져가게 한 기록이 삼국사기 등의 문헌에 다리에 관련된 내용을 볼 수 있다. 또 경문왕(景文王) 때 당나라에 가는 사신은 4자 5치(135cm) 길이의 다리 150냥(5.6kg)과 5자 3치(159cm) 다리 300냥(11kg)을 가지고 갔다는 기록도 있다. 16냥 중이 1근 이므로 분량으로 따지면 얼마 되지 않는 것으로 보이나 그 시절에는 다리를 귀금속만큼이나 귀중하게 다루었음을 사회적 배경으로 짐작할 수 있다. 한국의 삼국시대에는 고구려, 백제, 신라의 세 나라가 정립하였던 시기이다. 삼국사기에 나타나는 삼국의 건국 연대(신라 : BC 57, 고구려 : BC 37, 백제 : BC18)로부터 660년 백제 멸망, 668년 고구려 멸망까지의 700여 년간을 각각 건국했다고 기록되어 있다.

삼국의 머리모양은 의복과 마찬가지로 대체로 비슷하였던 것으로 보인다. 고분벽화와 문헌을 통해 볼 때 남자는 상투를 하였고 여자는 여러 가지 머리 형태를 하였다. 여자의 머리 형태를 보면 얹은머리, 쪽진머리, 쌍상투, 중발머리, 푼기명머리, 큰머리 등을 하고 있다.

또한 여인도(女人圖)의 머리 모양이 다리를 이용한 얹은머리라고 고증되어 있는 머리 형태는 고구려의 고분벽화에서 볼 수 있다. 그런데 옛날 사람들은 머리 모양을 크게 만들기 위해서 다리를 사용한 점이 현대 여성들의 가모 사용 목적과는 좀 다르다. 조선 정조(正祖) 때만 하더라도 머리 모양을 크게 꾸미는 것이 유행하여 다리 값이 금값처럼 비싸다는 것을 알 수 있다. 그 이유는 다리의 사용을 국법으로 제한하여 금지령까지 내렸다는 기록으로 보아 아무나 사용하기엔 비용이 많이 들었다는 것을 엿볼 수 있다. 하지만 그 때에 머리 형태를 보면 용도에 따라 다음과 같이 많은 종류의 가모가 있었다는 것도 느낄 수 있다. 가모의 종류를 살펴보면, 조선시대 상류사회의 여인들이 액세서리로 사용한 가모인 첩지머리, 머리를 땋아서 긴 다리를 만들어 평상시의 머리에서 쪽이나 어여머리 또는 무수리등과 같이 예식머리를 할 때에 사용한 가모로 다리머리, 머리의 윗부분이나 아랫부분에 부분적으로 이용하는 가모인 부분가모, 앞머리에서부터 머리 전체에 쓰는 전체가모, 조선시대 황후의 평상시의 머리 모양으로 상류사회 여인들은 왕가의 축제 일 때에만 쓰는 머리 형태가 어여머리이며 이러한 머리 모양을 하도록 허용되었다. 또한 무수리머리는 궁중에 처음 들어온 시녀들이 상궁이 되기 전에 하던 머리 모양이다.

최근 한국에도 가모공업이 성행하고 있는데, 원모처리(原毛處理)나 식모(植毛)기술 등이 외국의 것을 능가할 정도로 우수하다는 것을 알 수 있다. 그리고 손으로 식모를 하는 것이 기계로 식모하는 것보다 머리에 잘 맞고 머리의 흐름도 매우 자연스럽다. 하지만 손으로 만든 쪽은 비용이 비싸다. 또한 머리에 써 보아서 좀 작다고 느껴지는 것이 좋으며, 색채는 자기 머리의 색채보다 좀 밝은 것이 더 효과적이라고 할 수 있다. 개화기 이후 서양식 연극과 무용 · 오페라 등에서 극중 인물의 분장을 위해 시작되었던 것이 현대의 가모이다. 그 뒤 숱이 적거나 대머리인 남자들이나 일부 여성들 사이에서 사용되고 있으며 요즈음엔 남, 녀 모두 선호하고 있다. 그러나 가모가 보편화된 것은 1960년대 이후 수출 장려 정책에 부응하여 가모시장을 장악하면서이다. 당시 전 세계적인 가모를 이용한 머리 모양이 유행하였으며, 더불어 패션상품으로 가모가 등장하여 70년대까지 지속되어왔다. 가모는 60년대까지는 인모(人毛)로만 만들어졌으며, 그 뒤 합성섬유가 개발되어 관리와 손질이 편한 아크릴제 섬유가 이용되었다. 한국의 가모공업은 60년대부터 성행되어 72년에는 미국수출 제1위국이 될 만큼 호황을 누렸다. 70년대 후반부터 사양화되었다가 2000년대 이후부터 또다시 호황기를 맞이하기 시작 하였다. 먼저 샤머니즘에 표현된 가모를 살펴본 후 삼국시대 통일신라, 고려, 조선시대, 현대 가모에 대하여 알아보도록 한다.

1) 무속신앙의 가모형태

무속신앙의 가모을 살펴보기 이전에 먼저 샤머니즘이 무엇인지 알아보고자 한다. 고대의 인류는 질병이나 자연현상으로 인해 끊임없이 생명에 대한 위협을 받았지만 정확한 원인이나 자연현상을 알 만한 인지능력의 부족으로 인간보다 강한 그 어떤 절대적인 힘에 의지하고자 한다. 특히 죽음에 대한 불안감을 해소하기 위해 오늘날 원시종교라 불리는 종교현상을 탄생시켰다.

• 그림 1-7 • 굿을 하는 모습

불사거리

별상

17세기 후반 러시아인에 의하여 샤머니즘은 알려졌으며, 학문적 의미에서 볼 때 북아시아, 동남아, 동남아시아, 중앙아시아와 남,북아메리카 등지에 분포하는 하나의 원초적 종교형태이다. 또한 샤머니즘은 단군신화에서 나타나듯이 천신의 아들로 자연신을 거느리고 인간 세상을 통치하여 정치 권력자가 아니라 초자연적 능력을 가지고 초월적인 세계와 교류 할 수 있는 종교적 지도자이기도 했다. 이러한 민속신앙은 민중에 전승되는 다신숭배의식의 자연발생적으로 생성된 종교를 일컫는다. 인위적인 사제와 경전이 없으며, 체계적인 조직을 갖추지 못하여서 자연적인 종교라 한다. 민속신앙이라는 용어 이외에도 민속신앙, 민속종교, 민중신앙, 민중종교라고 일컫기도 한다. 종전에는 고유신앙, 토속종교, 향토신앙이라 칭하기도 했는데 최근에는 민속신앙, 민간신앙, 그리고 민속종교라는 용어를 주로 사용한다.

따라서 민속신앙은 '민속'이면서 또한 종교이기 때문에 양 쪽의 특성을 모두 가지며 민속이라는 전승문화를 바탕으로 하되, '종교'라는 문화현상임을 함께 염두에 두면서 연구해야 한다.

무속신앙(巫俗信仰)은 무당을 주축으로 민간층에서 전승되고 있는 자연적 종교 현상으로 무당의 유형에는 강신무와 세습무가 있다. 강신무(降神巫)는 신병

• 그림 1-8 • 무속신앙에 표현된 가모형태 및 재현

대신할머니

대신할머니 재현

무녀신무도

무녀신무도 재현

체험을 통해 신내림을 받은 무당이며, 세습무(世襲巫)는 혈통에 따라 가계계승으로 된 무당이다. 그러나 이들 모두 전문적인 종교 사제자로서 존재의 영구지속을 희구하는 민중의 욕구를 실천화하는 제의 곧, 굿을 주관한다.

용궁봉래부인

용궁봉래부인 재현

팔선녀

팔선녀 재현

바리공주

바리공주 재현

홍장군부인

홍장군부인 재현

무속의 굿은 그 목적에 따라 무당을 위한 굿, 마을 공동을 위한 굿, 산 자를 위한 굿, 죽은 자를 위한 굿으로 나뉜다. 이러한 굿을 할 때 복식과 머리 형태를 갖추고서 굿을 시작한다. 굿을 할 때 가체를 사용한 머리와 두식과 액세서리는 아주 중요한 목적을 가지고 있다. 굿의 목적에 따라 신들이 달라지는데 노란색 저고리를 입고 번영을 추구하고자 하는 대신할머니는 삼신이 그려져 있는 상

팔선녀 재현

불사거리 재현

홍장군부인 재현

무녀신무도 재현

징적인 도상이며 무당의 굿에서 빼놓을 수 없는 신이다. 대신할머니는 조상신으로 전통적인 곡선의 아름다움을 과시하는 쪽머리로 가체를 땋아서 쪽을 하였다. 산신은 민화에 많이 등장한 범의 자애로운 어머니 또는 신모(神母)의 이미지이다. 이러한 산신은 조선조 말에 풍속화에 많이 등장하고 있으며 쪽머리로 쪽이 두 개이고 목 쪽으로 내려와 있는 벌생머리로 다리를 많이 사용한다.

바리공주는 효행 담이 있는 전설로 모진 어려움을 극복하고 자기완성을 이룩한 영웅의 성장과정을 의미하고 화려하고 웅장한 최고의 가체를 사용하여 액세서리 장식을 아주 많이 사용한 머리형태를 하고 굿을 주관한다. 팔선녀들은 인간을 즐겁게 해주고 부귀영화가 무엇인가를 깨닫게 해주는 신으로 자손생산을 상징하고 선녀부채를 들고 있으며 곡선을 사용하여 가체를 이용한 머리형태을 하고 있다. 무녀신무도는 풍속화에 표현된 트레머리로 많은 귀족들과 서민들까지 즐겨 사용했던 머리형태이다. 조선시대의 사치풍조로 목이 부러지고 집안을 탕진하여 가체금사목이 생겼다. 이렇게 가체를 이용하여 조선시대여인들과 기녀들이 많이 사용한 가모이다. 이외에도 용궁봉래부인 물애기씨등이 가체를 사용하였다는 것을 엿볼 수 있으며 무속신앙에 표현된 머리는 주로 통일신라시대를 거쳐 조선시대의 머리형태 라고 할 수 있다.

2) 고구려시대의 가모형태

고분벽화에서 볼 수 있는 여인도(女人圖)의 머리 모양은 그것이 다리를 이용한 얹은머리라고 고증되고 있다.

고구려 고분벽화의 머리모양을 보면 환계 얹은머리, 둘레머리, 쪽진머리(比髮), 민머리, 푼기명머리, 묶은중발머리, 쌍상투(雙紒), 상투(竪髮) 등이 보인다. 주서(周書) 열전 이역 백제조에 “미혼녀는 두발을 땋아 한 가닥으로 뒤에 늘어뜨렸고, 출가녀는 두 가닥으로 땋아 틀어 얹었다.”하였다. 이와 같이 머리 모양을 보면 많은 종류의 가모형태를 알 수 있다. 이러한 가모의 종류로는 앞에서 언급하였기에 그림으로 보도록 한다.

고구려시대 휠자계를 살펴보면 안악구호분에서 볼수 있는 동수부인, 귀부인의 머리 모양으로 일본에서는 환상계라고 불리울 만큼 장식도 매우 화려하고 아름답다고 중국 복식사에 기록되어 있다.

• 그림 1-9 •　고구려시대 머리모양 및 재현

안악3호무덤 : 동수부인과시녀

재현 : 동수부인

무용총 : 둘레 머리

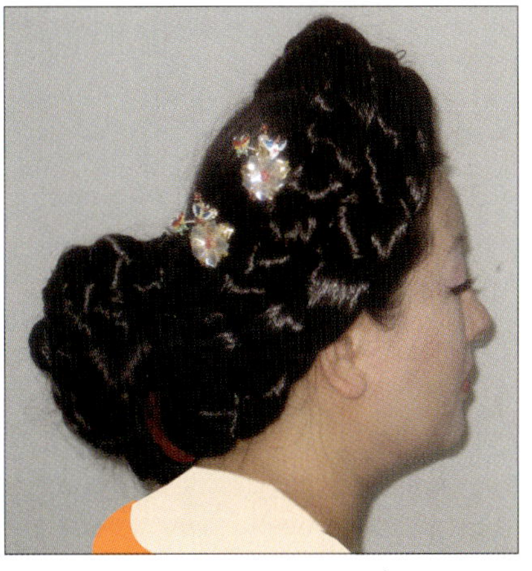

재현 : 둘레 머리

삼실총 : 푼기명 머리

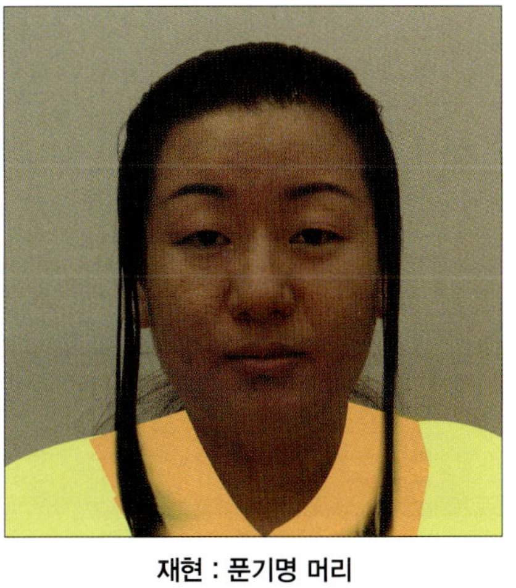

재현 : 푼기명 머리

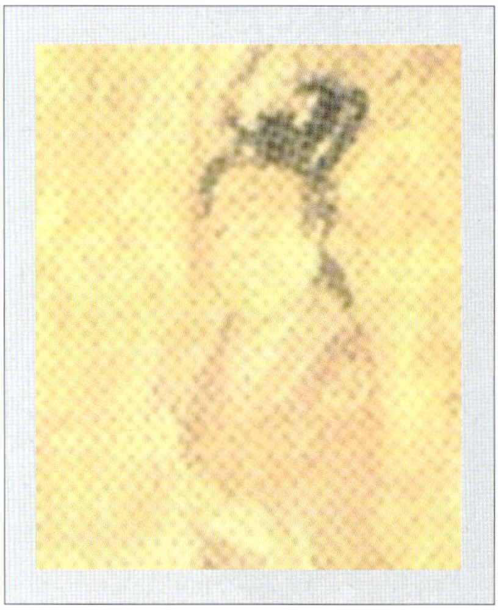

감신총합장여인상 : 환계

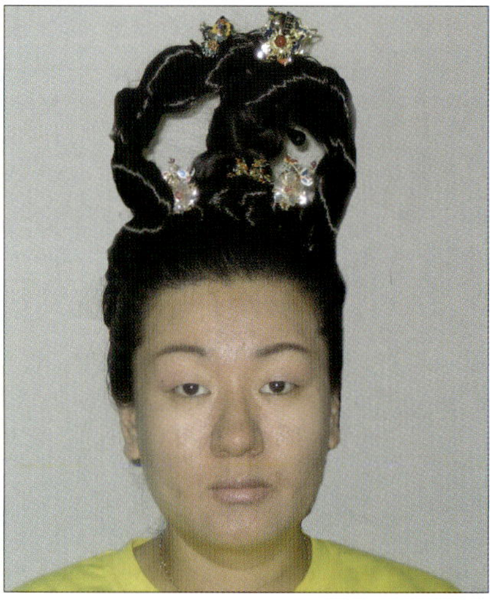

재현 : 환계

무용총 : 쪽머리

재현 : 쪽머리

쌍영총 : 얹은머리

재현 : 얹은머리

3) 백제시대의 가모형태

640년에 660년 20년 동안 백제가 폐망하기까지의 역사를 지닌 동안 백제인의 머리모양은 그다지 화려하지 않고 단아한 머리형으로 나타남을 알 수 있다. 고

• 그림 1-10 • 백제시대 머리모양 및 재현

《북사》〈백제조〉쌍계머리

재현 : 쌍계머리

장천1호 : 땋은머리

재현 : 땋은머리

고란사의 벽화

재현 : 궁녀의 머리

란사 벽화를 살펴보면 삼국시대 쌍환계에서 변형되어 당나라 때는 쌍환망선계(雙鬟望仙髻), 쌍환소정계(雙鬟梳頂髻) 등 기교의 머리형태가 등장했다.

백제 여인은 출가 전에는 머리를 한 가닥으로 땋아서 등 뒤에 늘이고 출가하면 두 가닥으로 나눈다 라고 기록되어 있다. 북사 (北史) 열전 백제 조에는 "여자는 머리를 땋아 늘이고 출가하면 두 가닥으로 나누어 머리 위에 얹는다."고 기록되어 있으며, 이와 같이 머리모양도 고구려의 영향을 받아 가모를 많이 사용하고 있음을 볼 수 있다. 백제의 가모형태는 그림과 같다.

4) 신라시대의 가모형태

동경지 (東京志) 풍속조에는 "신라 여인의 북계(北髻)는 국도(國都)의 북방이 허(虛)하므로 여자가 머리를 땋아 머리 뒤쪽에 결발한 데서 생긴 것으로 지금도 그러하다."라는 기록이 있다. 수서(隋書) 기록을 보면 신라조에 "흰옷을 좋아하고 부인은 머리를 땋아 머리에 둘렀다."는 기록이 있다. 이것으로 보아 신라 여인의 가모형태도 고구려와 같이 얹은머리와 쪽진머리를 하였음을 알 수 있다.

신라시대의 머리 형태를 보면 성덕왕 때 당(唐)나라에 사신을 보내는 편에 다리를 예물로 가져가게 한 기록이 있고, 경문왕 때도 당나라에 가는 사신이 다리를 가지고 갔다는 기록이 있다. 또한 "태평어람"에 '신라의 부인은 미발이 많고 머리의 길이가 장여나 된다'고 기록되어 있는 것으로 보아 신라의 가체는 동백, 아주까리, 수유의 열매로 머릿기름을 제조하여 머리손질을 하였으며, 중국여인의 머리보다도 아름다운 모습을 보여주고 있음을 엿 볼 수 있다. 이것으로 보아 신라의 머리 형태는 1960년대의 화려하고 사치를 짐작할 수 있으며 다리에 대한 가체(月子)가 활발하게 움직였다는 것을 알 수 있다. 가모의 종류는 그림과 같다.

• 그림 1-11 • 신라시대의 가모형태 및 재현

둘레머리코머리

재현 : 둘레머리

쪽머리

재현 : 쪽머리

새앙머리

재현 : 새앙머리

5) 통일신라시대의 가모형태

삼국사기 (三國史記) 홍덕왕 복식금제(服飾禁制)를 보면 두발에 대한 금제는 없으나 두발 장식품인 소(梳 : 머리빗)와 채(釵 : 머리꽂이 비녀)에 대한 금령이 있었다. 이는 진골에서 평민까지 계급에 따라 규제하는 금령으로 이를 범하면 형벌로 다스린다 하였으니 여인의 머리모양이 얼마나 화려하고 장식적이었는지 짐작이 간다.

유물로는 머리모양의 명칭은 알 수 없으나, 석굴암 보살입상과 청량사 보살상에서 화려하게 여러 가닥으로 땋아 얹은 머리모양을 볼 수 있다. 또한 삼국사기에는 여인들의 머리가 아름다워서 당나라에 고가(高價)로 수출되기도 하였다.

• 그림 1-12 • 통일신라시대의 가모형태

천추태후머리재현(정화예술대학작품)

6) 고려시대의 가모형태

고려시대의 머리모양은 초상화가 많지 않고 몇 점 있는 초상화에서도 두식(頭飾)을 하고 있어 잘 알 수 없으나 의복과 마찬가지로 통일신라시대보다는 약간 소박한 머리모양이었을 것이다.

머리모양에 대한 문헌의 기록을 보면 고려도경 (高麗圖經) 여자조에 "서민의 딸은 출가 전에는 붉은 깁으로 머리를 묶고 그 나머지를 아래로 늘어뜨리며, 남자도 같으나 검은 노(끈)로 대신한다."고 기록되어 있다.

같은 책 귀녀조(貴女條)에는 "아직 시집가지 않은 겨우 열 살 남짓한 여자인데도 머리를 풀지 않았고…….."라는 두 기록을 보면, 처녀는 하나로 묶어 뒤로 늘어뜨리고 붉은 댕기를 하였으며 총각은 검은 끈으로 묶었다.

《송사》에 의하면 부녀의 계양은 귀천 없이 동일하며 계를 오른쪽 어깨에 드리우고 나머지 머리는 아래로 내리는데 강라(降羅)로 묶고 여기에 작은 비녀 꽂는다 하였다."이는 윗머리, 얹은머리, 아랫머리는 채 머리를 그대로 내려놓은

• 그림 1–13 • 고려시대의 가모형태

돈황

수월, 관음도

아환계(鵝鬟髻)

공양왕비 : 노국공주

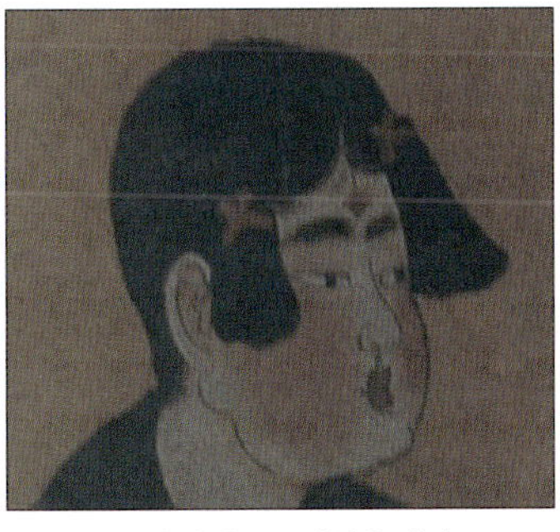
혁기사녀도 : 반얹은머리

다섯무덤 : 채머리

머리 모양이라고도 유추할 수 있다. 고려 초기의 것으로 추측되는 거창 둔마리 고분벽화의 진락(秦樂)하는 여인상은 동일 서벽의 선인으로 구름 위에 조의(祖衣)를 날리고 있는데, 이 여인도 귀 위의 머리는 얹은머리로 하고, 아래쪽 머리는 채 머리로 늘어뜨려 놓은 것을 볼 수 있다. 그리고 반가의 처녀는 땋아 내린 것으로 보인다. 부인의 머리는 같은 책 귀부인조에 "귀천을 가리지 않고 오른쪽으로 드리우고 그 나머지는 아래로 내려뜨려 붉은 깁으로 묶고 작은 비녀를 꽂는다 머리를 빗어 늘어뜨리니 옛 추마계(墜馬髻)인가 합니다."고 기록되어 있다.

7) 조선시대의 가모형태

조선시대 정조(正祖) 때의 머리 모양은 크게 꾸미는 것이 유행하여 다리 값이 금값처럼 비싸다고 기록되어 있다. 그리고 다리를 사용하는 것을 국법으로 제한할 정도로 신분에 따라 다른 착용과 궁중 및 사대부가 여인들에겐 사치의 상징이 되어 사회적 병폐가 되었다.

또한 출가한 여자는 얹은머리, 쪽진머리, 미혼녀는 땋은머리, 묶은 중발머리 등을 하였고, 그 외에도 종종머리, 귀밑머리가 있었다. 특히 얹은머리가 유행함에 따라 가체(加髢)가 성행하여 영조때에는 가체 금지령을 내릴 정도로 사치하였다. 조선시대 부녀의 머리모양으로는 큰머리(巨頭味), 어여머리(於由味), 얹은머리, 풀머리, 첩지머리, 조짐머리, 새앙머리, 쪽찐머리(娘子), 땋은머리 등이 있어 신분이나 때에 따라 달리했다. 조선시대의 예식용 대수머리는 오늘날 전체 가모와 같이 여러개의 비녀와 떨잠 등으로 장식을 하였으며 거두미와 어유미 같은 큰머리는 궁중에서 의식때 사용하였으며 이러한 큰머리들은 예장용으로써 궁중에서나 양반집의 부녀자들이 하였고 상궁은 지밀상궁만이 하였다. 남자들은 상투를 틀고 사내아이들은 뒤로 땋아버렸다.

• 그림 1-14 • 조선시대의 가모형태 및 재현

거두미

어유미

쪽머리

거두미 재현

어유미 재현

쪽머리 재현

8) 개화기의 가모형태

개화기에 와서도 사회제도와 궁중 예식은 대체로 변하지 않아 여자들은 예장에 필요한 어여머리나 큰머리가 존재했지만 점차 처녀들은 댕기머리, 부인들은 지방에 따라 쪽진머리나 얹은머리를 하게 되었다. 그 외에도 길게 .땋은머리에 댕기를 드리거나 땋은 머리를 두세번 접어 올려 리본을 매었고, 둘레머리, 트레머리도 있었다. 남자들은 고종 32년 (1895)에 .단발령이 내려지면서

• 그림 1-15 • 개화기의 가모형태및 재현

서민머리 및 복식

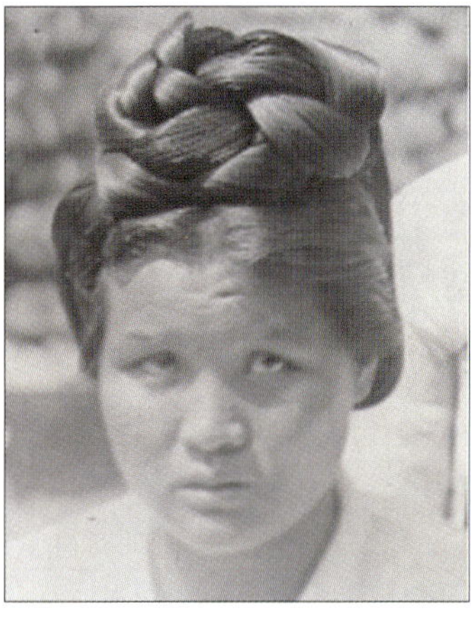
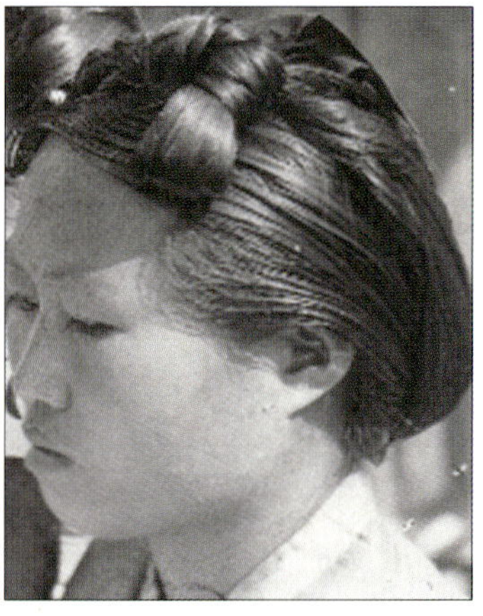

서민머리 및 복식

서민 얹은머리 재현

퐁파두르 재현

참고문헌 : 정화예술대학창학60주년논총자료

상투와 땋은머리가 점차 사라지고 두발을 밑만 짧게 자르고 윗부분을 남겨 가르마를 가르는 서양식 머리 모양을 하게 되었다.

9) 현대에 표현된 가모형태

현대의 가모의 사용은 개화기 이후 서양식 연극과 무용 · 오페라 등에서 극중 인물의 분장을 위해 시작되었다. 그 뒤 숱이 적거나 대머리인 남자들이나 일부 여성들 사이에서 사용되었으며, 가모가 보편화된 것은 1960년대 이후의 기계 제품이 나오기 시작하면서 60년대 후반부터 인조가모(원사)이 개발되기 시작하면서, 당시 전 세계적인 가모를 이용한 머리 모양의 유행과 더불어 패

• 그림 1-16 • 현대에 표현된 가모형태

2011 한국가모헤어패션쇼 작품

션상품으로 가모가 등장하여 70년대까지 지속되면서 1986년대초 익스텐션(extension)용 인모 위빙과 벌크(H/H Weaving & Bulk) 개발이 오늘날까지 많은 발전을 하고있다.

가모는 60년대까지는 인모(人毛)로만 만들어졌으나, 그 뒤 합성섬유가 개발되어 관리와 손질이 편한 아크릴제 섬유가 이용되었다.

한국의 가모공업은 60년대부터 성행되어 72년에는 미국수출 제1위국이 될 만큼 호황을 누렸으나 70년대 후반부터 사양화되었다. 그러나 2000년대 들어오면서 고전머리모양의 열풍으로 가체머리와 패션가모, 탈모용가모가 다시호황을 일으키게 되었다

10) 재해석한 현대의 가모형태

재해석한 현대의 가모형태는 다양하게 표현되고 있다. 특히 졸업작품에서 가장 많이 표현되고 있는 실정이며 그림 1-18과 같다.

• 그림 1-17 • 재해석한 현대의 머리형태

한국가모헤어패션쇼

2011 정화예대 졸업작품

2011 정화예술대학 졸업작품

2011 정화예술대학 졸업작품

과제 1 서양의 가모의 역사에 대하여 토론해보자

과제 2 한국의 가모의 역사에 대하여 토론해보자

II 가모의 정의 및 개념

가모의 정의를 살펴보면 남의 머리털로 다양한 머리모양을 만들어서 사용하는 것으로 현재 남 여 모두 사용하는 부분가모와 패션가모로 전체머리에 쓰는 통가모가 있다. 가모는 대체적으로 머리모양을 다양한 스타일과 서양에서 고대부터 많이 사용한 장식용이나 영화나 드라마 등에서 사용되는 분장용, 위엄을 나타 낼 때 쓰는 의례용, 법관용, 무대용, 연예용등 특정 직업용으로 사용되는 가짜 모발과 한국에서 사용되었던 가체(다리)을 뜻한다. 요즈음에 사용되는 가모는 개인의 개성과 특성에 맞게 만드는 맞춤가모와 아름다움을 추구하는 젊은이들이 선호하는 패션가모로 다양하다. 그리고 만드는 소재나 디자인, 착용형태나 방법등에 따라서 저렴한 가격과 아주 비싼 가격으로 판매되고 있는 실정이다.

사회변화에 따라 많은 욕구 표출을 위한 방법으로 자신의 욕구를 충족시키는 표현의 수단으로 가모는 다양하게 사용되어지고 있다. 인간의 미에 대한 욕구는 영원히 변화지 않을 것이다. 그러므로 가모에 대한 욕구 또한 끊임없이 추구하고 변화할 것이라 추측된다. 또한 패션가모, 기능성가모, 통가모, 부분가모 등 여러 가지 부착 방법에 따라 다양하게 이용되고 가모 헤어스타일에 따라 표현이 수단이 다양해 질것이다. 가모의 종류는 두상의 전체를 감싸는 형태의 전체 가모(Wig)와 두상일부를 덮는 부분 가모(Toupee, Hair Piece, Top Piece)가 있으며 악세서리 가모(단비, 집게가모) 등이 있다. 사발의 사용 구분은 탈모를 위한 가모, 패션을 위한 가모, 암환자를 위한 가모 익스텐션 등으로 구분되며 붙임머리의 인모와 인조모가 있다.

01 붙임머리

붙임머리는 퍼슨의 연구개발을 통해 만들어낸 신기술법으로 청결한 제품으로 만들어 졌으며 머리가 짧은 여성들을 위한 간편하고 편리하다. 또한 긴 머리를 원하는 여성들을 위하여 개발하였으니 현재는 남녀노소 모두가 선호하고 있다. 그리고 컬러 브릿지 대용방식으로도 붙 일수 있으며 대중들에게 많은 인기를 차지하고 쉽게 구입할 수도 있다. 붙이는 방법에 따라 다양하고 고리방법 클립형, 실로 이어주는 이음형, 머리로 묶어주는 묶는방법, 실로콘으로 붙이는 방법 등으로 사용되고 있다.

02 인모

퍼슨의 인모는 엉키고 빠지는 단점을 보완하였으며 염색이나 퍼머가 모두 가능하다. 이러한 인모는 머리카락이 생모와 같이 윤기가 나며 모질에서도 자연스럽고 인모의 종류는 다양하게 사용할 수 있다.

03 인조모

인조모는 화학섬유로 만들었으며 머리카락과 흡사하다. 자외선에 노출되어 수명이 짧고 끝이 갈라지는 현상이 발생하여 염색을 하지 못하는 단점이 발생한다. 그러므로 사용할 때마다 잘 엉키므로 오래 사용 할 수가 없어서 다양하게 사용하기엔 어려움이 많지만 비용이 인모에 비해 저렴하다.

뷰티산업이 21c 건강의 중요성을 갖게 되면서 웰빙 시장이 성장하고 또한 뷰티 교육 역시 세분화 되고 과학적이고 체계화된 교육으로 전문성을 띠게 되면서 뷰티 산업분야가 요구하는 전문 인력들이 배출되고 두피탈모 뷰티 시장 또한 지난 6년간 새로운 뷰티 시장의 트랜드로 자리 잡아 뷰티 산업에 많은 기여를 하게 되었고 두피탈모의 전문 교육을 받은 인력들이 배출되어 사회

III
가모관리사의 필요성과 목적

곳곳에서 활동을 하고 있으며 가발(가모) 시장이 2008년부터 급속도로 이슈화 되고 발전되고 있는 양상이며, 두피탈모의 치유가 불가능한 상태에서 두피탈모의 마지막 해결책으로 2009년 들어 다양한 형태로 가모 산업이 전개됨에 따라 전문 인력이 많이 요구되고 있음으로 두피탈모가모의 전문가로 구성된 교수와 의료인, 산업 인들로 구성되어 전문자격증 시대에 맞춰 전문지식을 가지고 숙련된 기술로 미용 산업의 경쟁력을 향상 시킬 수 있는 고급 인력을 양성하고 있다.

01 가모관리사(wigist)

가모관리사는 두피탈모의 문제점을 보완하고 자연스러운 스타일로 외면의 아름다움을 유지시키기 위한 가발(모) 산업 분야의 전문 직종으로서 뷰티 산업의 전문인 고용 창출 효과와 매출증대에도 기여를 하게 되는 이론과 기술을 겸비한 가모 전문인을 말하며 가모관리사의 영역은 가모를 상담하고 관리하는 상담관리사와 A/S, 가모 보수등을 관리하는 가모제조사로 분류할 수 있다.

02 가모관리사의 역할

두피가모관리사는 탈모 비듬 모발 손상과 트러블 등 두피 건강에 관한 고민을 가지고 방문하는 고객의 모발과 두피를 상담과 분석 처방 관리 및 홈 케어 등을 상담 관리하는 사람을 두피 전문인이라고 한다. 가모관리사는 외적인 미를 다양하게 과시해 볼 수 있는 헤어분야는 미용시장을 선두로 앞서갔으며 두피의 문제와 탈모로 인해 헤어스타일로 외적인 미를 표현하고 싶은 소비자들의 욕구에 맞추어 도움을 줄 수 있는 전문인으로 미용인의 직업창출과 매출증대 효과와 가모산업시장의 발달과 인력개발에도 큰 영양력을 가져 오는 전문인이라고 할 수 있다. 아울러 가모관리사는 전문인으로서 고객만족을 위해 이론적인 전문지식습득과 기술의 습득이 매우 중요하다.

03 전문가로서의 역할

전문가로서의 역할은 고객에게 가모가 친밀해 질수 있도록 이해력과 설득력 있게 설명을 하여 가모에 대한 두려움을 최대한 친밀감으로 느낄 수 있게 도와주어야 한다. 특히 부분 가모는 꼭 필요로 하는 악세사리로 생각 할 수 있게 만들어 주는 것이 고객과 첫 만남에서 성공하는 것이라 볼 수 있다.

04 상담자로서의 역할

상담자로서의 역할은 직접 설문지를 작성하므로서 탈모의 시기와 진행중인 상태를 파악하여 가모 착용에 대한 심리적인 안정감을 갖도록 하여야 하며 심리적 건강향상에 도움이 될 것이며, 삶에 의욕적인 활력이 될 것이다.

가모는 미적 아름다움을 부여하여 사회생할에 적극성을 가지며 헤어스타일에 자신감을 가질수 있도록 상담에 최선을 다한다.

05 서비스인으로서의 역할

서비스인으로서의 역할은 미용산업에 있어서 서비스는 생명과도 같다. 이렇듯이 고객 한사람 한사람에게 최선을 다하여 서비스를 하여야 한다. 말한 다미에 천냥빛을 갚는다는 속담이 있듯이 언어에서 마음을 다치지 않도록 하여야 하며 감동을 받아 가모를 쓰고 싶다는 충동감이 생기도록 하여야 한다.

IV
가모관리 시장의 현황과 전망

01 미용시장의 변화

탈모관리 성인은 매년 30% 증가 하여 현재 방문고객 6% 가량이 20~30대 중 4% 여성이 그 비중을 차지하여 미용시장의 변화는 독립브랜드에서 프렌차이즈의 가모시장이 전문시장으로 자리매김하기 위해서는 다양한 연구를 통해 과학적이고 신뢰감을 더 할 수 있는 체계적인 마케팅을 통한 고객관리에 대한 연구가 계속적으로 이루어져야 하며 고객가의 관계마케팅을 통한 전문적이고 과학적인 서비스 제공이 필요하다

02 대중시장의 변화

탈모시장의 흐름을 보면 현재 2010년 탈모인구가 900만명을 넘어서 매년 30% 급성장하고 있다. 2011년 미용산업체의 조사에 따르면 20세이상 성인남성이 350만명이고 여성탈모와 청소년 탈모을 합치면 1000만명에 육박한다고 헤럴드경제에서 밝힌바 있다. 이렇듯이 가모시장 규모는 2009년 예상해 보면 최소 3,000억원정도이며 2011년 한국은 3,500억대, 일본은 11조원 정도로 예상할수 있다. 또한 탈모방지 및 약품, 식품, 화장품에서 나오는 모발촉진시장은 2,000억대이며 모발이식 크니닉 및 모발관리 센타는 4000억대로 추정된다고 헤럴드경제 2011년 5월 4일 언론에 보도된 바 있다.

03 온라인 오프라인의 변화

요즈음에 오프라인에서 오는 많은 변화가 있다. 가모 시장의 점유율이 급속도록 늘어나고 있는 추세이다. 20세의 가모 인구가 증가하고 있는 것은 남, 녀를 불문하고 스트레스로 인한 탈모인구가 늘어나고 있는 것으로 보아 아주 많은 변화가 있다. 특히 20대의 멋내기용 가모 헤어스타일로 붙임머리나 통가모, 부분가모등을 선호하고 있는 추세로 가모시장의 발전하고 있다.

04 가모시장의 미래전망

탈모인들의 탈모관리 실태를 살펴보면 가모는 사회적 인식 때문에 착용하게된 계기가 많으며, 성별과 연령, 학력, 직업, 결혼여부 등으로 가모를 기본적으로 2개정도 소유하고 있으며, 지루성인 탈모인이 다른 탈모인들보다 더 많은 가모를 소유하고 있다는 연구 결과가 나왔다. 또한 가모 전문가들을 위한 가모 콘테스트로 패턴과 가모헤어스타일링을 실시하고 있으며 가모 디자인 공모전등도 실시 할 것으로 추측된다. 이러한 추세로 본다면 가모 시장의 미래전망은 전문인과 일반인 등 국민 모두가 참여한다고 볼 수 있다.

05 가모 산업의 발전방향

시장성의 동향 분석을 보면 2006년 7월 13일 메디칼 마케팅정보에 따르면 탈모관리성인 30%은 매년 증가하고 있나. 그리고 독립 브랜드의 월평균 3000만원대 매출로 높은 수익률을 창출하는 장점을 찾아볼 수 있으며 방문고객 6%정도로 20-30대이고 그 중 4%가 여성고객이다. 또한 프렌차이즈 가모 시장의 동향을 보면 현재 탈모인구가 600만명이며 시장규모는 매년 8000억원으로 2배 증가하고 있다.

과제 1 가모 관리사의 역할에 대하여 토론해 보자

과제 2 가모시장의 오프라인과 온라인의 변화에 대하여 토론해 보자

두피 모발 생리학 2장

Ⅰ. 두피 모발 생리학

Wig

I 두피모발 생리학

01 두피의 정의

다양한 생리적 기능을 수행하며 내부 장기와 그 밖의 체내기관을 보호해주는 역할을 한다. 두부를 보호하고 있는 부분의 피부조직을 두피라 칭 한다.

02 두피의 기능

두피의 기능에는 물리적, 화학적 환경으로부터 뇌를 보호하는 보호기능, 두피와 모발성장에 필요한 영양분을 외부로부터 흡수하는 흡수기능, 피지선에서 피지를 분비하고 한선에서 땀을 분비하는 분비의 기능, 폐를 통해 99% 호흡을 하고 피부를 통해 1~3%정도 호흡하는 호흡기능, 항상 체온을 36.5도 유지하는 체온유지기능, 중금속 등의 유해물질을 체외로 배설하는 배설기능, 온각인지, 촉각, 냉각 등의 감각전달 기능으로 나뉘어 볼 수 있다.

03 두피의 구성

두부는 신체를 감싸고 있는 보호기관으로 표피층, 진피층, 피하조직 등으로 나뉘어지고, 표피는 가장 바깥 내부조직을 보호해주는 기능을 하고, 진피는 표피의 아래쪽에 있으며, 두 개의 층으로 유두층과 망상층이 있다. 피하조직은 제일 아래쪽에 있는 지방 조직층으로 두께가 개개인에 따라 다르며 외부의 충격에 보호해 주는 작용으로 쿠션 역할을 한다.

• 그림 2-1 • 모발과 두피의 구조

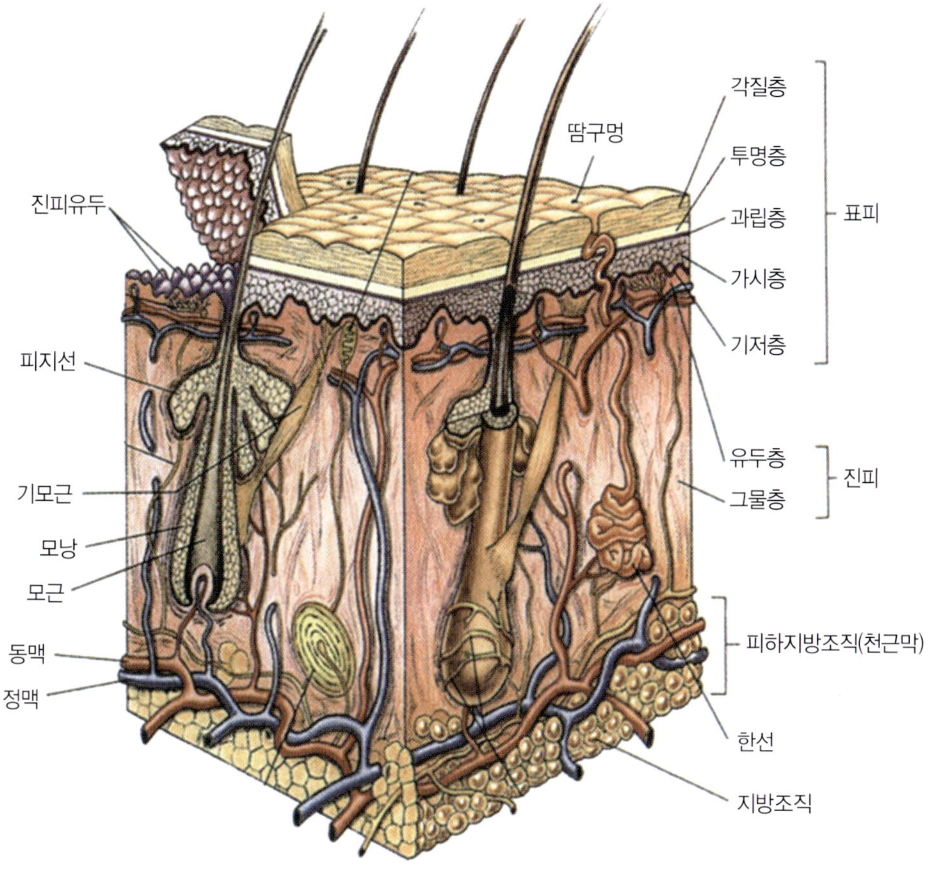

1) 표피

표피는 가장 외층으로 각질층, 투명층, 과립층, 유극층, 기저층으로 나뉜다. 기저층은 멜라닌색소와 색소형성세포가 있고, 진피유두에 있는 모세혈관에 영향으로 세포분열을 일으켜 표피를 재생시킨다. 유극층은 세포간교가 있어 인접세포들을 서로 연결되며, 과립층은 과립세포에서 각질세포로 바뀌고 3~5층의 납작한 세포로 이루어져있다. 투명층은 얇고 투명한 층으로 이루어지고 각질층은 최외각인 바깥층으로 각질화 된 죽은 세포로 구성된다.

• 그림 2-2 • 표피층

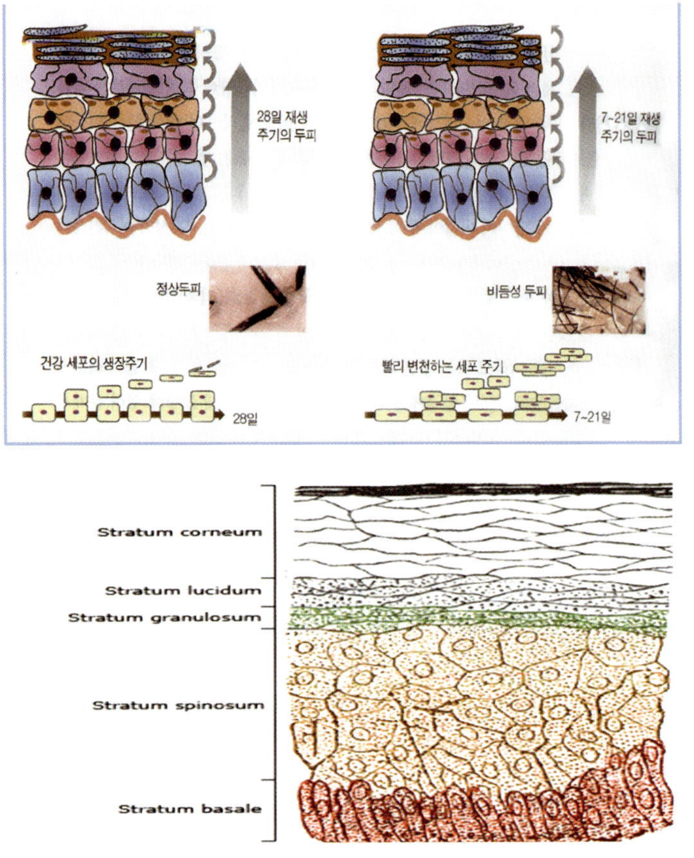

2) 진피

표피아래에 위치하고 피부에 90%를 차지하는 두터운 층으로 유두층과 망상층으로 나뉜다. 진피의 망상층은 교원섬유와 탄력섬유 그리고 기질로 구성되며 대부분 섬유아세포에서 만들어지고, 유두층은 기저층에 영양공급을 해준다.

3) 피하조직

피하조직은 진피 밑에 있는 지방 조직층으로서 조직의 두께는 개개인의 연령, 성별, 건강 상태에 따라 다르며, 외부충격에 대한 쿠션역할을 한다. 또한 진피와 근육, 뼈 사이에 위치한 피하조직은 열을 차단하고 충격을 흡수 하여 몸의 내부를 보호하는 기능과 영양 저장소 역할을 한다. 남성보다 여성의 피하지방이 더 두껍다.

04 두상 골격의 구조

1) 두개골(skull)의 역할

두개골은 하나의 뼈로 보이거나 실질적으로 23개의 뼈로 구성되어 있다. 두개골을 둘러싸고 있는 두피는 외피, 두개피, 두개피하조직의 3층으로 구성되어 있다. 얇은 섬유상으로 뼈에 유착되어 있는 두개골막은 외계로부터 뇌를 보호하는 동시에 전신대사에 필요한 생화학적 기능을 영위하는 기관이다. 두개외

• 그림 2-3 • 골격의 구조

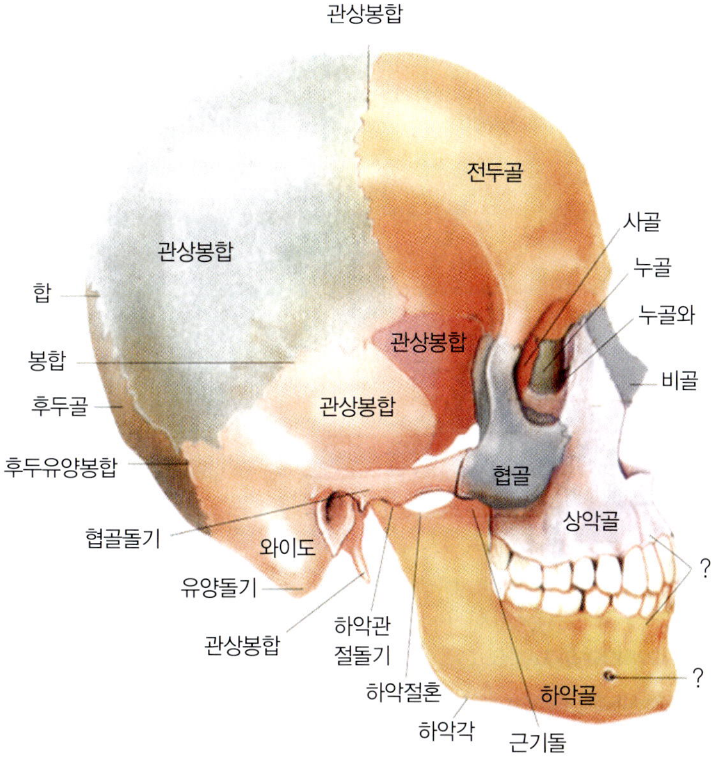

피는 표피와 진피로 구성되어 있으며 투명층을 제외한 얇은 피부로 구성되어 있다. 그리고 두개골은 뇌를 둘러싸고 있으며 뇌를 보호한 뇌두개골 6종 8개로 전두골 1개, 접형골 1개, 사골1개, 두정골2개, 후두골1개, 측두골2개이며 톱니모양이다. 안면을 구성하는 안면두개골은 비골2개 서골1개 상악골2개 하악골1개 구개골2개 관골2개 설곡1개 하비갑개 2개로 9종 15개의 뼈로 구성되 있다. 이러한 두개골은 뇌, 기각기관 평형 청각기관 등을 보호하며 생명유지에 필요한 소화와 호흡에 관련된 구강, 비강내의 구조물들을 보호한다.

2) 두개골의 종류

(1) 두정골(parietal bones)

두 개폭에서 가장 넓은 부분을 차지하고 양쪽 옆에 위치하며 2개의 뼈로 두정봉합에 의해 연결되어 있는 두정골은 두 개강의 천정과 측면을 형성한다. 또한 사각모양의 편평골로 시상봉합을 이룬다.

(2) 전두골(frontal bone)

조개 모양으로 생긴 한 개의 뼈를 나타내는 부분으로 앞면 이마를 형성하고 안와의 대부분을 차지한다. 본래 한 쌍의 뼈로 전두봉합에 의해 연결되어 있지만 출생시는 두 개의 뼈로 있다가 출생후 1~2년 내에 봉합선이 소실되어 하나의 뼈가 된다.

(3) 접형골(sphenoid bone)

두개골의 중간부분을 형성하고 다른 두개골을 함께 연결해주는 역할을 하는 접형골은 나비모양 골격으로 좌우에 큰 날개와 작은날개로 이루어져 있으며, 날개사이에 작은 틈새가 열려있어 두 개강으로부터 안와로 빠져나가는 혈관과 신경의 통로라고 할 수 있다.

(4) 후두골(occipital bone)

람다봉합을 따라 두정골과 관절하며 두개골의 가장 뒤쪽에 형성하고 두개골의 바닥을 이루는 뼈이다.

(5) 측두골(temporal bones)

두개골의 양측면에 위치하고 있으며 인상봉합을 따라 두정골과 관절을 이루며 외이고이 열려 있고 외이도의 아래에는 유양돌기 와 경상돌기가 있다. 유양돌기는 목에 있는 근육의 부착부위가 되며 결상돌기는 혀와 인두에 관련된 근육의 부착부위가 된다.

(6) 사골(ethmoid bone)

비강의 상부 외측벽 및 비중격의 일부를 이루는 가벼운 함기골로서 사판, 수직판, 미로의 세 부분으로 되어 있다. 그리고 천정을 형성하는 십사모양의 뼈로서 10~20개의 작은 구멍이 있어 후각신경의 통료가 된다. 두개골 중 하악골과 설골 이외의 뼈는 모두 봉합에 의해 부동적으로 연결되어 있다.

3) 봉합과 천문

(1) 봉합

두개골 중 하악골과 설골 이외의 뼈는 봉합에 의해 부동적으로 연결되어 있으며 두정골과 전두골사이의 관상봉합, 좌 · 우 두정골 사이를 시상봉합, 좌. 우 두정골과 후두골 사이를 람다봉합, 좌 · 우 측두골과 두정골 사이를 인상봉합 이라고 한다.

두개골의 움직임은 매우 안정적이며 운동, 휴식, 감정의 기복상태에서 심박이나 호흡수에 변화 되지 않는다.

(2) 천문

두개골을 형성하는 뼈는 얇고 편평하며 이들 뼈의 골화는 뼈의 중심에 있는 골화 중심으로부터 서서히 일어나는데 출생시 아직 골화가 완성되지 않고 각 뼈 사이에 결합조직성 막이 나아 있게 된다. 이 부위를 천문이라고 한다. 천문에는 관상봉합과 시상봉합사이에 있으며 생후 만 2년에 폐쇄되는 대천문, 시상봉합과 인자봉합사이에 있으며 생후 3개월에 폐쇄되는 소천문, 관상봉합과 인상봉합사이에 있는 생후 6개월~1년에 폐쇄되는 전측두천문, 인자봉합과 인상봉합사이에 있는 생후 1년~ 1.5년에 폐쇄되는 후측두천문이 있다.

05 두피신경과 스트레스

두피신경은 이마, 뺨, 턱과 두개골이 있는 작은 구멍을 통해서 뇌신경부터 제공되고, 접촉 수용체는 표피의 유두층, 자율신경 영향, 피부-노르아드레날린의 , 대머리 건선과 같은 증상을 발생, 현대질병의 70~90% 스트레스에 의한 발병으로 추정 된다.

스트레스 의한 반응은 자율신경이 균형을 잃고 혈관에 악영향을 주게 된다.

오감을 통해 두뇌에서 시상하부를 자극하게 되고, 아드레날린은 혈압을 높이거나 근육 뭉침으로 호흡이 빨라지며 성적욕구와 배고픔 없으며 소화장애나 뇌을 예민하게 만든다. 그리고 긴장이 풀리면 심장 박동수와 혈압상승, 신체 면역계의 필수요소들을 다른 곳으로 이동하게 되고 콜레스테롤 수치가 높아진다. 장기간의 스트레스는 피로, 두통, 가슴앓이, 탈모, 불감증, 우울증 증세, 모근 주변의 혈행이 악화되고 영양 공급이 도달되지 않으면 탈모로 연결된다.

06 두피관리사의 역할

두피모발 관리사란 모발과 두피에 대한 과학적인 연구로서 모발에 대한 기초 지식과 그 방법을 습득 하여 건강한 두피와 모발을 유지하도록 도움을 주는 역할이며, 모발과 두피는 분리된 것이 아니라 많은 인체 기능 시스템과 유관하여 내부 생체리듬의 상태를 반영해 주고 있으므로 전문가들은 인체생리, 영양학, 화학,모발과 피부의 생리학 등의 학문을 공부 하여야 한다.

또한 전문 관리사는 고객 상담을 통해 모발 진단 및 분석을 하여 보다 건강한 아름다움을 유지하고 증진시켜 모발학에 대한 체계적인 이론을 바탕으로 두피 매뉴얼을 갖추고 있어야 한다.

과제 1 두피의 구성에 대하여 자세리 정리 해 보자

과제 2 두피의 정에 대하여 정리 해 보자

3장

가모학에서 보는 모발생리학

Ⅰ. 모발의 정의 및 기능

Ⅱ. 모발의 형태 및 구조

Ⅲ. 모발과 영양

Ⅳ. 탈모

I 모발의 정의 및 기능

01 모발의 정의

생물학적 정의로 모발은 포유동물만이 가지고 있는 특유의 부속기관으로 단단하게 밀착된 각화세포로 이루어진 고형의 원추섬유이다. 또한, 일반적 정의로 Hair, 毛髮(모발)이라고 한다.

모발은 머리카락과 그의 신체에 나 있는 모든 털의 총칭을 포함하는 의미로써 털이 난 부위에 따라 두발, 수염, 액모, 체모 등으로 구분된다. 모발은 피부의 부속기관으로 발생학적으로 피부의 표피에서 생기며 손바닥, 발바닥, 손가락 및 발가락의 점막의 경계부 또는 입술 등의 점막을 재외한 몸 전체에 나 있다. 또한 모발은 피부의 각질층이 변화해서 생긴 섬유성 단백질인 케라틴으로 구성된 죽은 세포를 말하며 통각이나 촉각을 전달하고 외부의 화학적, 기계적 자극으로부터 신체를 보호하는 기관이다.

02 모발의 기능

모발의 기능을 살펴보면 기능적 측면과 미용적 측면으로 나눌 수 있다. 모발은 자외선과 추위 또는 더위와 기타 외부충격으로부터 두피와 두뇌를 보호하는 기능이 있으며 열의 발산을 억제하고 몸을 따뜻하게 하여 외부온도를 조절하고 추위로부터 체온을 유지해주는 기능과 외부물질을 보호해주는 기능이 있다. 또한 몸에서 열이 날 때는 한선에서 땀으로 분비되는 노폐물과 우리 몸에 불필요한 수은, 비소, 아연 등의 중금속 등을 흡수하여 체외로 배출하는 기능이 있다. 우리 신체는 털을 움직이게 하는 작은 근육이 털마다 붙어 있어 신경작용에 의해 춥거나 더울 때 움직여 주는 감각 전달을 하는 기능적 측면이 있다. 즉, 머리카락은 태양의 직사광선으로부터 두피 보호을 하고 눈썹, 속눈썹은 햇빛, 땀방울, 빗물, 먼지로부터 눈을 보호하며, 코속의 털은 외부의 먼지를 들어오지 못하도록 막아주며, 피부가 접히는 부위의 털은 마찰을 감소시켜주는 기능을 한다. 그리고 우리 인체에서 제일 중요하게 보일 수 있는 모발은 헤어스타일과 컬러의 다양화를 표현할 수 있으며 특히 개성을 중시하는 요즈음 시대에 중요한 역할을 한다. 그러므로 미에 대한 무한한 욕구를 가지고 있는 미용적 측면으로는 개인적인 장식의 기능과 역사적 자료로 크게 부여하고 있다.

03 모발의 기원 및 발생

1) 모발의 기원

모발의 기원은 하나의 수정란으로부터 시작되고, 모발의 발생은 모낭이 형성되었을 때 시작된다. 모발은 모낭을 구성하는 세포로 모두유가 접한 부분에 모모세포가 모유두를 덮고 있으며 모유두로 부터 영양분을 공급받아 왕성하게 세포가 분열하고 성장하여 발달하게 된다. 인간은 수정란이라는 한 개의 세포로부터 시작되어 60~100개의 세포로 이루어져 있으며 하나의 세포는 분열을 거쳐 10~11일째 부터는 배엽을 형성 한다. 이때 배벽의 함몰로 생긴 안쪽의 벽을 내 배엽이라고 하며, 내배엽에서는 소화기, 소장, 대장, 피부, 골격이 형

태아 모발과 인체의 발생	
4-6주	외배엽,중배엽, 내배엽구분, 피부,성별,털등의 유전형질 결정, 8주에 머리형성
9-11주	머리, 몸통, 팔다리, 3등분 구분, 전체적인 윤곽 형성 시작단계
12-15주	모근형성,피부층강화, 뇌기관 형성, 약 16㎝
16-19주	모발생성,지문형성, 태아운동, 약18㎝
20-23주	모발색 진해짐, 피부층 혈관형성, 약30㎝
24-27주	피부지방분비촉진, 피부톤 붉어짐, 뇌기능발달, 신체조절, 약35㎝
28-31주	피하지방 생성, 취모의 연모화, 신경조직 발달, 골격완성단계, 약 42㎝
32-35주	모발길이 3㎝, 피부체온조절가능, 호르몬 저장
36-39주	모발 연모화, 피부주름사라짐, 피하지방 발달, 약 45㎝

성된다. 또한 바깥쪽의 벽을 외배엽 이라고 하며 뇌, 신경계통, 모발이 형성 되며 이들 사이로 퍼져 세포들이 중 배엽을 형성 하는데 여기서는 심장, 혈관, 근육 등이 형성 된다. 즉 모발은 인간의 외배엽에서 기원된 것이다. 태아의 모발은 임신 12~14주에 성장하고 인종, 성별, 연령, 몸의 부위에 따라 모발의 굵기, 모질, 색소, 형태, 분포, 성장속도 등이 결정된다.

2) 모발의 발생

인간의 모든 조직과 기관은 배엽으로부터 발달한다. 신경계통과 모낭은 외배엽에 있는 세포가 분화되어 발생하는 것으로 알려져 있다. 사람의 모낭은 약 5~6개월째에 완전한 모낭을 이루게 된다.

모발의 발생기는 전모아기, 모아기, 모항기, 모구성모항기, 완성모낭으로 나뉜다. 모아의 형성 개시단계를 전모아기라 하고, 이곳에서는 배아세포의 분열로 진피 내에서 침투한다. 전 모아기는 빠른속도로 모아기로 이행되고 모아기는 중간층 세포의 배아층 내에서 침투한다. 모항기는 진피내에 침입하여 기둥이 박혀 있는 형태가 되며 모유두 피지선에서 자리형성을 하는 시기로 이를 모항기라 한다. 또한 모낭의 끝부분이 둥글게 된 것을 모구라 부르며 모구형성단계, 입모근 형성초기 단계로 이단계의 모낭을 모구성모항기라 한다. 이와 같은 단계를 거쳐 발달된 모낭은 모낭하부, 협부형성을 하고 모발조직으로서 각 부분으로 분화되어 완성된 모발이 된다.

• 그림 3-1 •

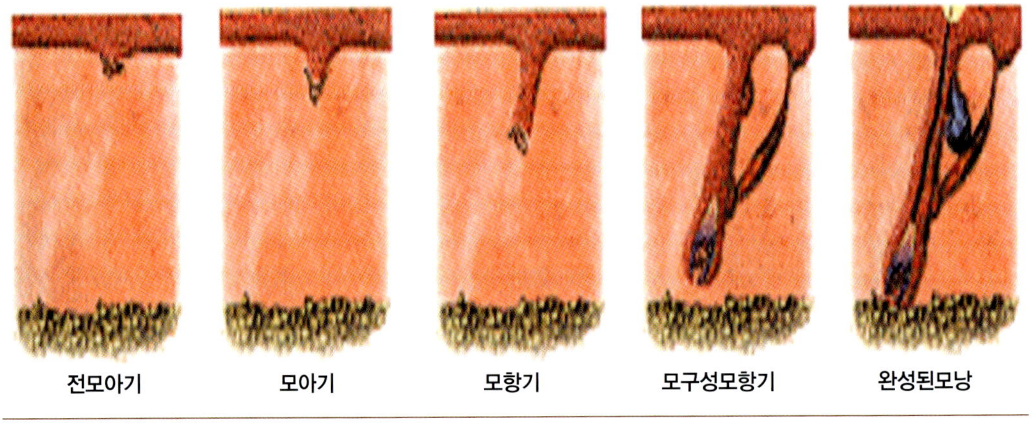

04 모발의 성장 및 주기(Hair Cycle)

모발의 성장주기는 성장기, 퇴화기, 휴지기, 발생기로 4단계로 나뉜다.

모발의 성장속도는 한가닥 한가닥이 모두 성장속도가 독립적으로 자라기 때문에 다르다. 모발의 수는 모유두의 수에 따라 결정된다. 이러한 모유두는 모발을 성장시키는 성장기, 모근부가 수축되어 모유두와 분리되면 성장이 점차 늦어지는 퇴화기, 모유두가 활동을 완전히 멈추는 휴지기, 새로운 모발을 발생시키고 모유두가 다시 활동을 시작하는 발생기의 4주기를 모발 성장주기(헤어싸이클)이라고 한다.

1) 성장기(Anagen Stage)

왕성한 세포분열을 하고 진피층 하부 및 피하지방 상층에 존재하며 호르몬, 연령, 건강상태, 성별 등에 따른 차이가 있다. 모발은 하루 0.35-0.4mm 정도 자라고 한달에 10.5-12mm 정도 자란다. 전체 모발의 80-90%을 차지하고 성장기 남성은 3-5년, 여성은 4-6년정도이다.

2) 퇴화기(Catagen Stage)

모구부의 점차적인 수축현상과 세포분열의 점차적 둔화 후 정지하며 전체모발의 1%정도 차지하고 3-4주정도 소요되며 단 산후탈모증이 있을 경우는 제외된다.

3) 휴지기(Telogen Ctage)

모유두와 분리되며 진피층 상부에 있는 모구부에 위치한다. 기간은 3-4개월 정도이며 전체모발의 10-15%정도 차지하고 산후 탈모증은 30%정도로 호르몬의 영향을 받는다. 특히 샴푸나, 브러싱등 약한 사극에도 쉽세 달모가 된다.

4) 발생기(Return to Anagen)

모구부가 모유두와 결합하여 새로운 모발을 형성하고 배아세포의 세포분열에 의하여 모구가 팽창되어 신생모가 성장하는 기간으로 유전이나 체질, 질병, 연

• 그림 3-2 • 모발의 성장주기

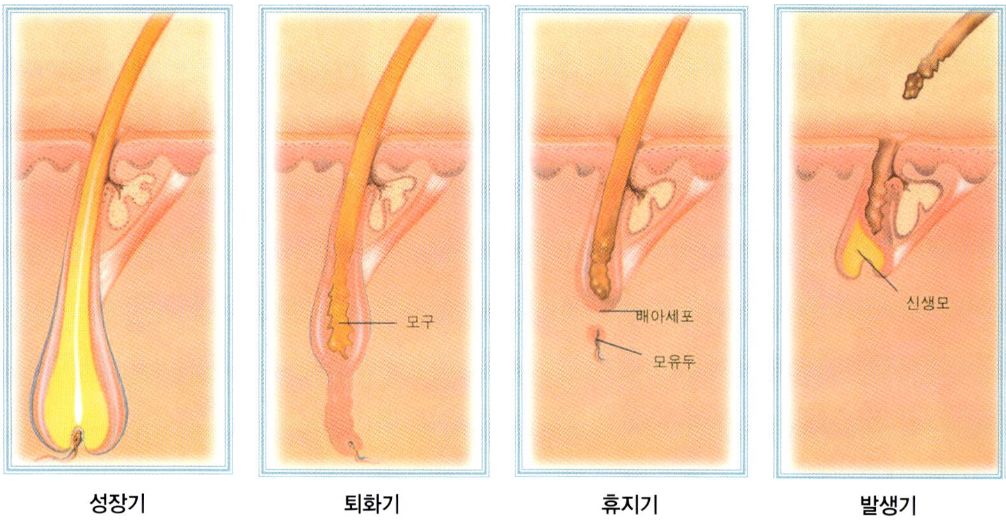

령등에 따라서 차이가 있다.

05 모발의 성분

모발은 80~90% 단백질고 이루어져 있으며 그 외 수분은 11~13%, 지질은 1~9%, 멜라닌 색소는 3%이하, 미량원소 0.6~1%등이 포함된다

1) 케라틴 단백질

모발은 시스틴 결합(ss결합) 을 많이 포함하고 있는 케라틴 단백질로 구성되어 있으며 18종의 아미노산으로 구성되어 있고 아미노산은 탄소(C) 약 50%, 산소(O) 약 22%, 질소(N) 약 17%, 수소(H) 약 6%, 황(S) 약 5% 등의 원소로 구성되어 있다. 경 케라틴으로 불리는 모발은 황을 포함한 섬유상 단백질이며 모발의 주성분인 단백질은 시스틴을 15~18%로 가장 많이 포함하고 있다. 그래서 모발을 태우게 되면 역겨운 냄새가 나는데 이것은 모발 단백질을 분해하여 생긴 유황화합물의 냄새 때문이다.

2) 지질

모발은 표면이나 내부에 지질이 존재하며 표면에 있는 것은 두피의 피지선에서 분비된 지질로 내부에 잇는 것은 CMC을 구성하고 있는 지질로 개인차가 있지만 대부분 모발 전체에서 1~9%을 차지하고 있다.

3) 멜라닌 색소

멜라닌 색소는 모발의 콜텍스 영역에 존재하며 멜라닌 색소에는 흑갈색계의 유멜라닌과 적갈색계의 페오멜라닌으로 나눈다. 모발 색은 멜라닌 색소의 양, 크기, 조합으로 결정된다.

4) 수분

수분은 보통 자연상태에서는 10~15%을 함유하고 있으며 샴푸 후에는 30~35%, 드라이 건조 후에는 10%정도 함유한다. 수분이 10%이하인 경우에는 푸석거림과 뻣뻣해짐이 생기며 이를 건조모라고 한다. 또한 수분의 양은 습도와 온도에 따라 좌우되며 유연성, 윤기, 강도 등에서 큰 영향을 미친다.

5) 미량원소

전체 약 0.1%을 차지하는 미량원소는 모발을 건강하게 유지하는데 필수적인 요소이다. 백모는 니켈(Ni) 이 관여하고 황색모는 타이타늄(Ti), 적색모는 철(Fe), 흑모는 구리(Cu), 그 외에도 린, 케이 등의 비금속을 호함한 약 30종류에 의해 결정된다.

II
모발의 형태 및 구조

01 모발의 구조

• 그림 3-3 • 모발의 구조

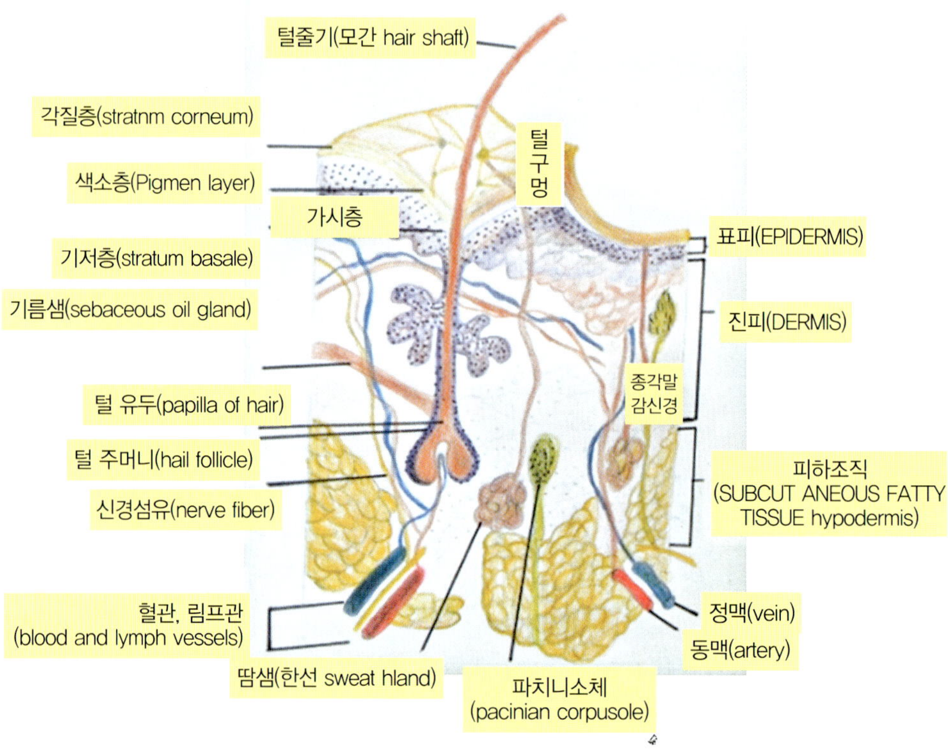

• 그림 3-4 • **모발의 구조**

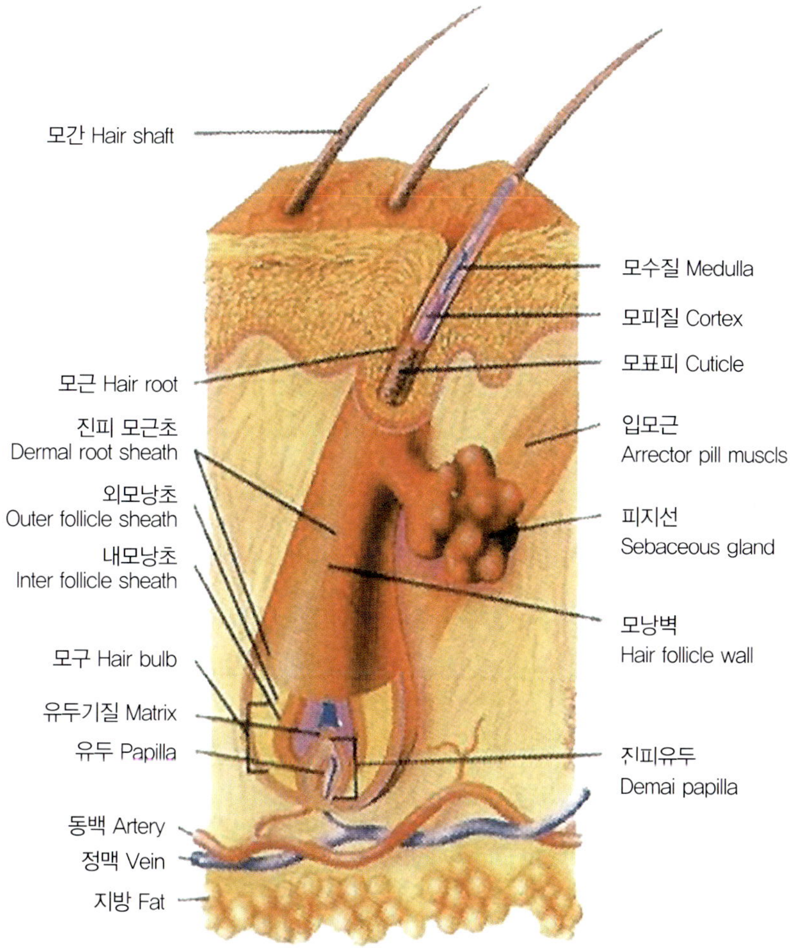
모간 Hair shaft
모수질 Medulla
모피질 Cortex
모표피 Cuticle
모근 Hair root
진피 모근초
Dermal root sheath
입모근
Arrector pill muscls
외모낭초
Outer follicle sheath
피지선
Sebaceous gland
내모낭초
Inter follicle sheath
모낭벽
Hair follicle wall
모구 Hair bulb
유두기질 Matrix
유두 Papilla
진피유두
Demai papilla
동백 Artery
정맥 Vein
지방 Fat

1) 모근부 구조

• 그림 3-5 •

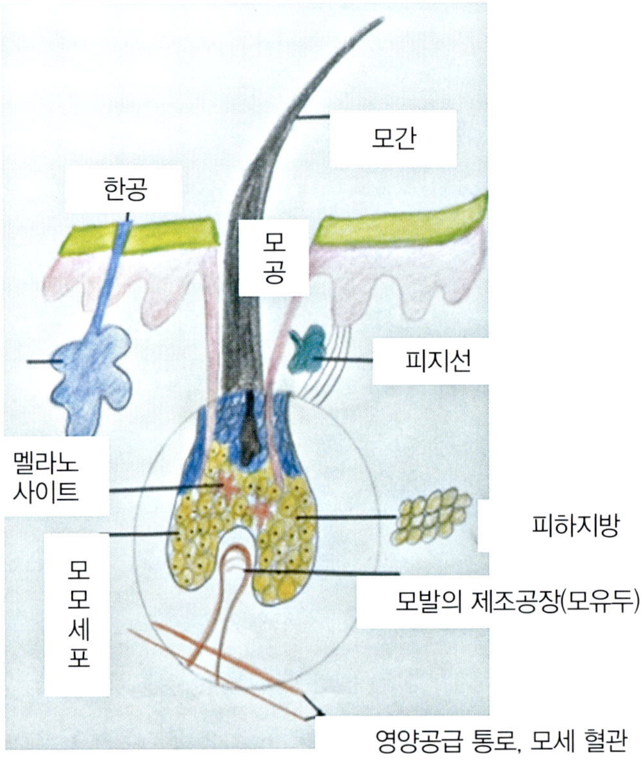

(1) 피지선(sebaceous gland)

모낭에서 유래하였으며모낭벽 위에서 약 1/3 지점에 존재하고 얼국과 두피에 가장 많다. 손바닥, 발바닥, 구강점막 및 입술경계부위를 제외한 전 피부에 분포되어 있다. 분비된 피지 역할은 수분과 함께 막을 만들어 건조함을 막으며 모발에 윤기와 부드러움을 준다.

(2) 기모근(arrector pili muscle)

모낭의 밑부분에서부터 1/3지점에 부착되어 모발을 붙잡고 있는 작은 근육이며 자신의 의지에 따라 움직이지 않고 교감신경에 의하여 근육이 자율적으로 조절된다. 입모근이 수축시 털을 세우게 되며 모공이 닫히게 되어 체온

손실을 막아준다. 눈썹, 속눈썹 코, 입술에는 존재하지 않는다.

(3) 한선(sweat gland)

피지선의 구멍을 통해 땀을 분비하는 땀샘은 대한선과 소한선으로 나누며 땀의 형태를 노폐물과 수분을신체 밖으로 배설하고 수분과 열을 조절하여 두피에 수분유지와 체온조절을 한다. 대한선은 겨드랑이, 생식기 주위, 유두주위에 분포되어 있어 액취증을 유발하고 감정이 변화될 때작용이 활발하다. 소한선은 모공과 분리된 독립적인 한선으로 혈액과 신체체온 조절의 중요한 역할을 하고 약산성 무색이며 무취이다.

• 그림 3-6 • **모근부 구조**

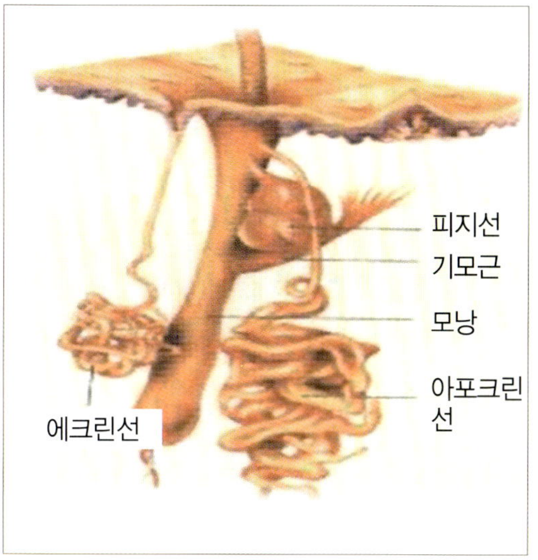

(4) 모낭(hair follicle)

모발을 둘러싸고 있는 주머니 모양으로 손바닥, 발바닥, 음경귀두, 점막, 피부 경계부를 제외한 전 피부에 분포되어 있다.

• 그림 3-7 • **모낭**

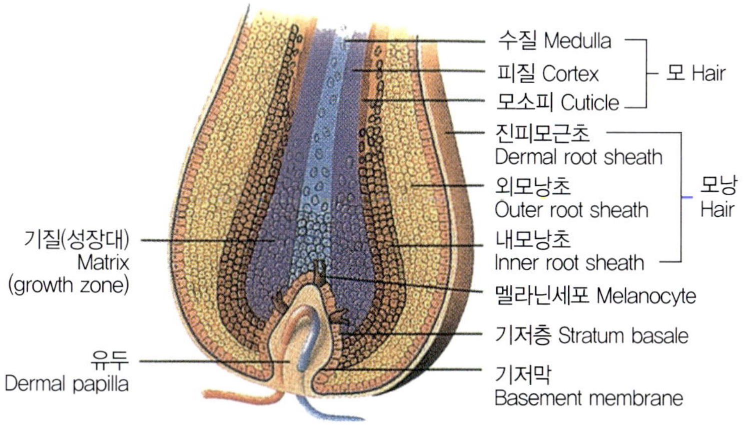

(5) 모구(hair bulb)

모낭의 가장 아랫부분에 둥글게 팽창되어 잇으며 내부에는 모모세포, 멜라닌세포로 구성되어 있다. 아랫부분은 오목하게 되어 있으며 움푹패인 부분은 지피세포층에서 나온 모유두가 있다.

(6) 모모세포(hair matrix)

모발의 형성하는 주세포로 피부의 연장부분이며 모발이 성장을 이루어 세포분열을 이루는 곳이다. 모모세포가 모유두를 덮고 있으며 모유두에서 영양을 공급바다 분열 증식하여 모발을 생성한다.

2) 모간부 구조

(1) 모표피(Hair Cuticle)

모발의 가장 겉표면에 위치하고 모발전체의 10~15%을 차지하며 보통 5~15층으로 겹쳐 있으며 생선 비늘같이 딱딱한 무색 투명한 세포로 모근에서 모발 끝으로 향하고 있다. 모발을 보호하고 수분증발을 억제하며 친유성의 특징을 갖는다. 케라틴이라는 경단백질로 구성하고 있다. 모표

• 그림 3-8 • 모간부 구조

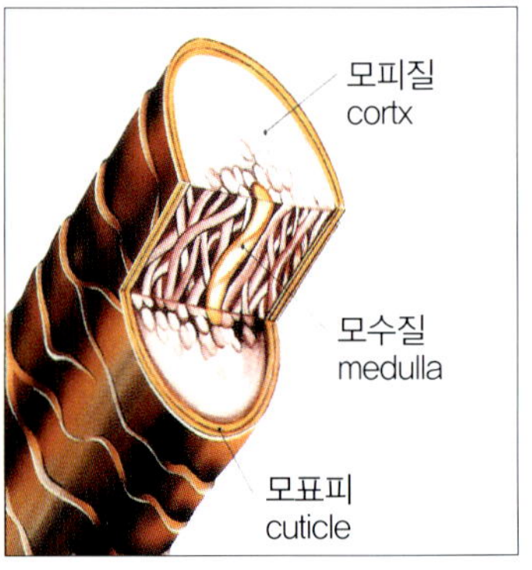

• 그림 3-9 •

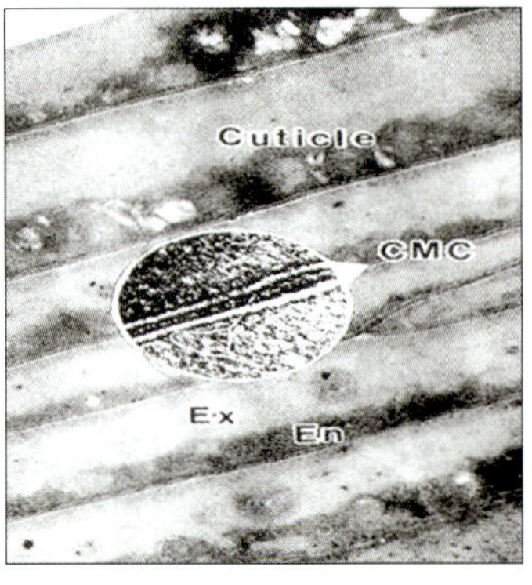

모표피

모수질

• 그림 3-10 • CMC 세포막 복합체

피는 3개의 층으로 외측부터 에피큐티클(epicuticle), 중간층인 엑소큐티클(endocuticle), 내측의 엔도큐티클(endocuticle) 이 있다.

(2) 모피질(Hair Cortex)

모표피 안쪽의 층으로 모발의 85~90%을 차지하며 멜라닌 색소을 함유하고있다. 보발의 성질을 좌우하는 부분으로 담배 휠터를 절개 놓은것 처럼 매우 가느다란 다발로 되어 있으며 모발의 탄력과 강도, 질감등의 모발 성질을 결정한다. 주성분은 피질세포와 간충물질로 이루어져 있다. 화학적 헤어시술 작용시 가장 영향을 받는 부분이다.

• 그림 3-11 •

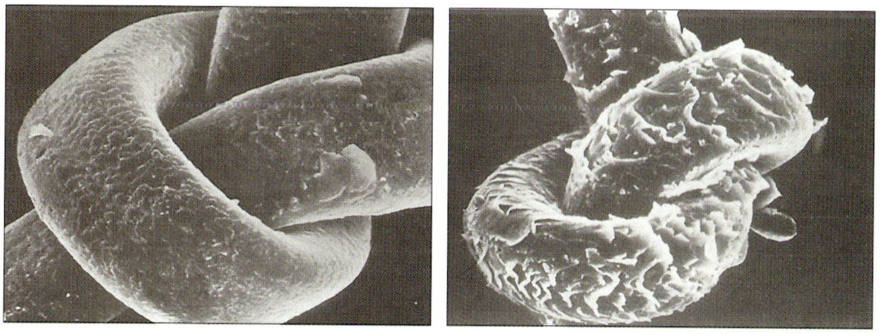

건강모 손상모

(3) 모수질(Medulla)

모발의 중심부에 있는 모수질은 반드시 존재하는 것은 아니다. 구멍이 많은 벌집 상태의 다각형의 세로이며 멜라닌 색소을 함유하고 시스틴 함량은 모피질 보다 적다. 물리적 화학적 성질은 아직 밝혀지지 않았으며 모발에 따라서 군데 군데 잘려 있는 것도 있다. 일반적으로 모수질이 많은 모발은 웨이브 형성이 잘되고 모수질이 적은 모발은 웨이브 형성이 어렵다고 한다. 웨이브 형성이 잘 안되는 어린이 모발은 연모이기 때문에 모수질이 거의 존재하지 않는다.

• 그림 3–12 •

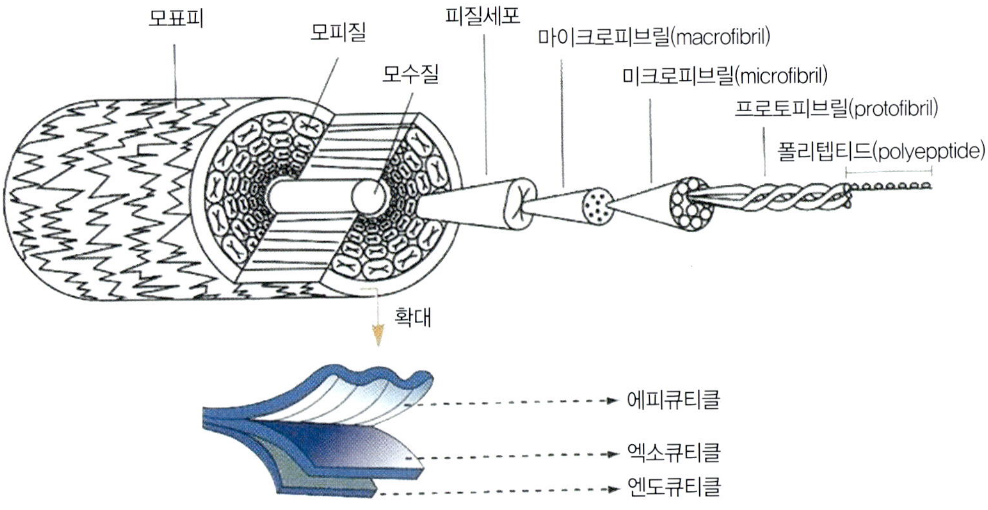

• 그림 3–13 • **모간의 구조**

• 그림 3-14 •

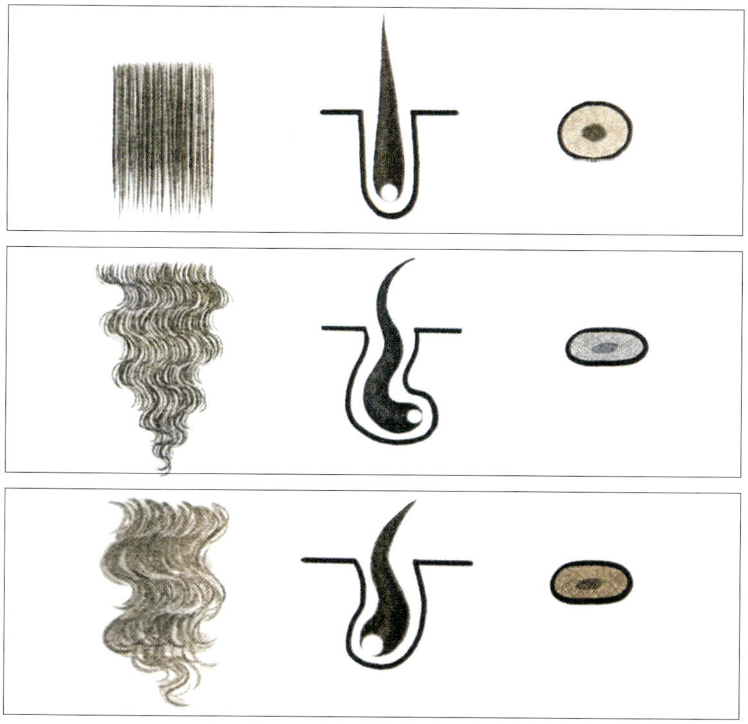

02 모발의 종류

1) 모발의 형태에 따른 분류

일반적으로 직모, 파상모, 축모의 3가지로 크게 분류할 수 있다.

직모는 직선상의 모발로 물결치는 모양의 모발이며 동양인(황인종)이나 에스키모, 아메리타 인디언, 폴리네시아인 등이 포함된다. 파상모는 파상을 이루는 모발로 파상의 정도가 강한 것은 굵은 코일 모양으로 감겨 있는 경우도 있으며 백인(백인종), 오스트레일리아 원주민, 에티오피아인, 인도네시아인 등이 포함된다. 축모(곱슬모)는 작게 오그라진 모발과 나선모라고 불리는 형이 있다. 나선형으로 모발이 굉장히 강하고, 나선상으로 오그라들어 큰 콩알만 한 크기로 조금씩 모여 나 있는 것으로 아프리카의 흑인종, 벵골만의 인다만인, 멜라네시아제족, 파푸아제족 등에서 볼 수 있다.

2) 굵기에 따른 분류

모발은 굵기에 따라서 취모, 연모, 경모, 종모로 분류 할 수 있다. 취모는 태아시기에 형성되며 가늘고 연한 색의 털이 존재하는데 이는 섬세하고 부드럽고 모발색이 연한 것이 특징이다. 모발의 굵기는 약 0.02㎜로 배냇머리라고하고 큐티클은 미완성 상태이다. 연모는 피부의 대부분을 차지하고 있는 솜털을 말하고 탈모진행형 모발로 0.08㎜ 이하로 가늘고 짧으며 색소가 존재하지 않는다. 보통 사춘기 이전의 모발이며 사춘기 이후에 대부분 경모로 바뀐다. 경모는 보통 굵고 긴 털을 의미하며 0.15~0.20㎜정도 이며 머리카락, 눈썹, 속눈썹, 수염, 겨드랑이 털, 생식기주변에 나는 털을 말하고 단단한 단백질 결합과 호르몬의 영향을 받게 된다. 종모는 연모에서 경모화된 모발을 말한다.

03 모발의 결합

1) 수소결합

측쇄결합 중 가장 약한 결합으로 모발 內 가장 많이 존재하고 있는 결합이다. 측쇄의 산소(O)와 수소(H) 사이의 잡아당기는 힘에 의해 결합한 것으로 모발 성질에 영향을 준다. 즉 모발이 물에 젖으면 수소결합이 끊어지고 이 상태에서 롯드를 말아 건조시키면 수소결합이 재결합되어 웨이브가 형성된다(블로우 드라이와 헤어세팅에 이용)

2) 시스틴결합 (황결합)

다른 천연섬유(견,모,면)와 합성섬유에서는 볼 수 없는 결합으로 케라틴을 특징짓는 결합이다. 측쇄결합 중 물리적으로 가장 강하고 물이나 약산에는 끊어지지 않으며 화학적인 반응(열, 알칼리, 환원제)에 의해 쉽게 절단되고 다시 재결합한다. 퍼머넌트웨이브 1액을 도포한 후 당기면 작은 힘으로 시스틴 결합을 끊을 수 있다.

3) 염결합(이온결합)

모발의 등전점(pH 4.5~5.5)에서는 강하고 산성 또는 알칼리성에서는 결합이 끊어진다. 산과 알칼리의 밸런스가 깨지면 염결합은 끊어지고 본래의 상태로 돌아가면 다시 결합은 연결되는데 이와 같은 원리를 이용한 것이 펌 제이다

4) 펩타이드결합

주쇄와 같은 결합으로 그수는 작으나 가장 강한 결합이다. 아미노산의 카르복실기(-COOH) 와 아미노산의 아미노기(-NH3)에서 물 (H2O)이 탈수되면서 -CO-NH가 결합된 것으로 강산, 강알카리 등에 의해 절단된다.

04 모발의 특성

1) 모발과 pH

pH는 수소이온농도 지수(Power of Hydrogen ions, 페하) 로 물에 녹아 있는

• 그림 3-15 • pH 수소이온농도 지수(Power of Hydrogen ions, 페하)

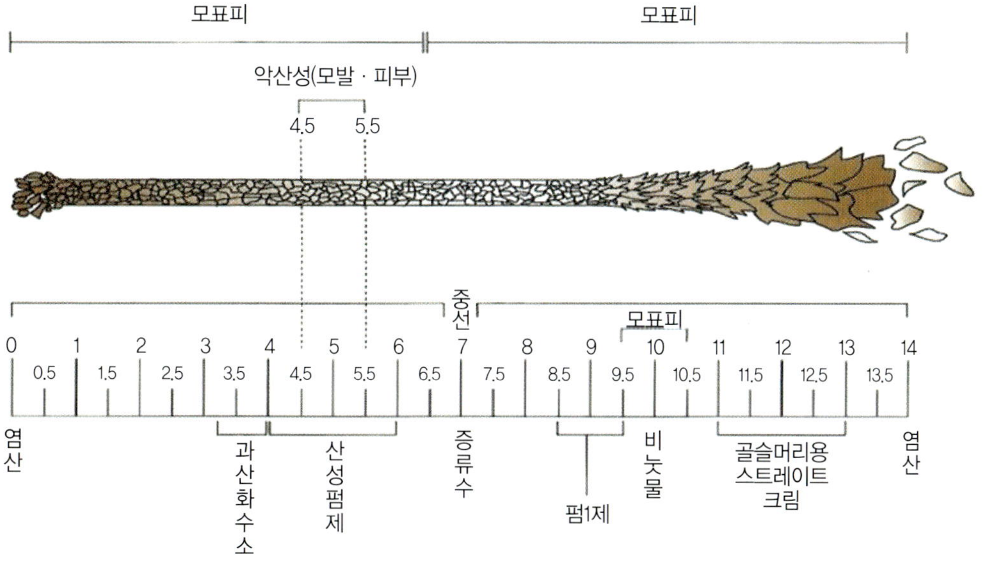

수용액의 산성, 알칼리 등을 측정하기 위해 사용되는 수치이다. 모발의 pH라고 하는 것은 모발 중에 함유되어 있는 수분의 pH를 말하는 것으로 건강한 모발 pH는 4.5~5.5사이의 약산성 상태이다. 즉 피부와 모발의 최적의 상태를 유지해 세균의 침입으로부터 보호를 한다. 모발이 강산성인 경우는 단백질이 수축 , 응고되어 딱딱하게 되며, pH10 이상의 알칼리성인 경우에는 모발이 팽윤. 연화되어 모발 손상을 초래한다.

2) 모발의 탄력성

모발에 힘을 주어 잡아 당겼다가 놓았을 때 원래의 모양과 크기로 되돌아가려는 성질을 말한다. 즉, 물리적 변형인 블로우 드라이, 세팅, 아이론등이며 화학적 변형은 퍼머넌트 웨이브이다.

3) 모발과 수분

수분은 모발에서 중요한 역할을 하고 건강한 모발은 중량의 약 15% 전.후의 수분을 함유한다. 모발은 공기 중에 습도가 높으면 수분을 습수하고 건조하면 수분을 빼앗아감으로 모발의 수분 량에 따라 모발의 상태가 결정된다. 보통모발은 10~15% 수분을 함유하고, 손상모의 경우는 10%이하, 샴푸 직.후약 30~35%수분 상태로 모경은 15%로 팽창한다.

4) 모발과 열

모발은 단단한 경 케라틴으로 되어 있지만 필요 이상 열을 가하면 단백질이 변성되어 원래의 모발로 돌아갈 수 없다. 건열세서는 120℃ 전후에서 팽화가 일어나며 130~150℃ 에서는 모발 변색이 시작된다. 270~300℃가 되면 타서 분해되지만 펌제의 의해 젖은 모발과 시술 후 약제가 모발에 잔류한 경우에는 케라틴 구조에 커다란 변화를 일으켜 치명적 손상을 초래한다.

일반 펌 시술시 1제 도포후 처리 온도는 60℃ 이하가 바람직하며, 세팀펌시 이용되는 로드의 열은 120~160℃가 바람직하다. 모발 내 수분을 20~30%함유시켜 주기 때문에 약 40℃ 전후의 온도가 하강되어 실제로는 약 80~120℃의 온도에서 컬이 형성된다. 아이론 펌에 이용되는 열은 80~100℃가 적당하다.

III
모발의 영양

01 두피건강의 중요성

'건강한 모발은 건강한 두피'에서 라는 말이 있듯이 모발을 건강하게 하기 위해서 적당한 피지막과 정상적인 각화작용이 잘 이루어지는 두피는 필수불가분의 관계다. 모발은 두피 속에 혈액으로부터 영양공급을 받아 성장한다. 특히 모발은 모유두의 모세혈관을 통해 모발이 성장하게 되고 단백질과 비타민 미네랄등이 필요하다. 피부를 건강하게 하는 비타민과 여러 종류의 아미노산을 포함한 단백질을 균형 있게 섭취함으로서 건강한 두피와 모발로 성장할 수 있다. 그리고 건강한 모발은 가모소재로 다시 재탄생하여 아름다운 가모로 탄생 할 수 있다.

02 모발과 음식

모발을 위해서는 단백질뿐만 아니라 비타민과 미네랄 특히 철, 아연이 필요하고 충분한 영양을 주기 위해서는 여러 종류의 아미노산을 포함된 단백질을 균형 있게 섭취하는 것이 매우 중요하다. 특히 두피 · 모발에 관여하는 주요 식품으로는 호두, 잣, 솔잎, 검은콩, 동물의 간과 등푸른 생선, 다시마와 미역, 당근, 시금치, 녹차, 구기자차등이 있으며, 유해한 식품은 단음식, 동물성 자방이나 기름진 음식, 탄수화물식품, 술, 담배, 카페인, 인스턴트식품 등을 들 수 있다.

03 모발과 호르몬

모발은 여러 가지 호르몬의 영향을 받는다. 모발의 성장 및 탈모와 관련이 깊은 뇌하수체 호르몬이나 특정 호르몬의 과다분비 및 분비 이상은 두피 트러블과 모발성장의 이상 등의 현상으로 나타 날 수 있다. 또한 모발에 대한 호르몬들의 작용은 서로 관련성을 가짐으로써 몸 전체의 기능이 원활하게 되며 모발 전체의 기능도 유지되는 것이다. 특히 모발에 대한 신진대사 기능 및 성장에 관련이 있는 갑상선 호르몬의 생성을 도와주는 요오드 성분은 모발의 건조화 현상을 막고 윤기를 부여 한다. 부신피질 호르몬인 안드로겐의 분비가 과다하면 여성의 경우, 음모와 체모가 증가하고 수염이 나기도 한다. 부신피질호르몬에서 분비되는 코타솔은 원형탈모, 건선 피부염을 유발하기도 한다. 남성 호르몬의 경우는 탈모증에서 가장 중요한 호르몬으로 과잉 분비시 탈모가 진행된다.

IV
탈모

탈모는 정상적으로 모발이 존재해야 할 부위에서 소실되는 질환을 총칭하는 것으로서 주로 두피에서 발생한다. 탈모란 3~6년의 모발 주기에 수명을 다하지 못하고 빠지는 자연탈모 현상을 말한다.

탈모증은 생장기 모낭의 모구내와 주변에 림프구 침윤이 특징인 원형탈모증과 모낭의 누두부주위로 림프구 침윤이 나타나는 경우가 흔한 유전성 안드로겐 탈모증, 전체 모발 중 25% 이상되면 확진할 수 있는 휴지기 탈모증, 비정상적인 버릇으로 모발을 뽑는 습관에서 나타나는 발모벽과 그 외 피하지방층에 괴사 및 대식세포 침윤을 보이는 경우와 혈관 내에 혈전이 보이는 압박성 탈모증 외, 견인성 탈모, 환경성 탈모, 등으로 나눌 수 있다.

01 탈모의 종류및 원인

탈모의 원인

탈모의 원인에는 호르몬의 영향과 과도한 스트레스와 임신과 출산, 유전적인 요인, 지루성 피부염, 외부적인 요인, 식생활, 기타원인 등이 있다. 보통 심한 스트레스를 받으면 2~4개월이 지나서 탈모가 시작되고 하루에 120~400개 이상 탈모가 되기도 한다. 요즈음엔 과다한 업무, 심한 다이어트와 스트레스로 인한 탈모는 주로 20대 젊은 층에서 많이 나타나고 있는 추세이다. 남성호르몬은 피지 분비를 촉진하므로 지루성과 탈모의 원인이 되기도 한다. 여성의 경우 임신을 하게 되면 여성 호르몬의 증가로 휴지기의 모발이 빠지지 않다가 출산을 하고 탈모가 생기는 것으로 여성호르몬이 감소되면서 휴지기 모발이 한꺼번에 빠져 탈모가 생긴다. 탈모는 출산후 2~6개월 정도 지나면 자연스럽게 다시 회복되기도 한다. 외부적인 요인으로 화상, 염증, 외상등의 상처나 퍼머, 염색, 탈색, 스타일링 등의 화학 약품과 공해로 인하여 두피를 손상시키거나 모근을 위축시켜 탈모를 유발시키기도 한다. 탈모의 정의를 살펴보면 모발의 생산이 중단 되었을 때 일어나는 현상이며, 영양부족, 혈관장애, 모모세포의 노화, 호로몬장애, 미네랄, 철, 비타민 부족으로 모발생산 장애가 생겨 일어나는 현상을 말한다.

1) 자연탈모

정상적인 모발의 모주기 기간을 통해 탈락하는 모발을 자연 탈모라고 한다. 하루에 40~100본 정도이며 각각의 모발 출생일이 다르므로 빠지고 또 다른 모공에서 출생한다. 그러므로 자연스럽게 교대로 빠지는 모발을 생리적 자연탈모라고 하며 1일 100개 이하인 경우는 자연탈모라고 할 수 있다.

• 그림 3-16 •

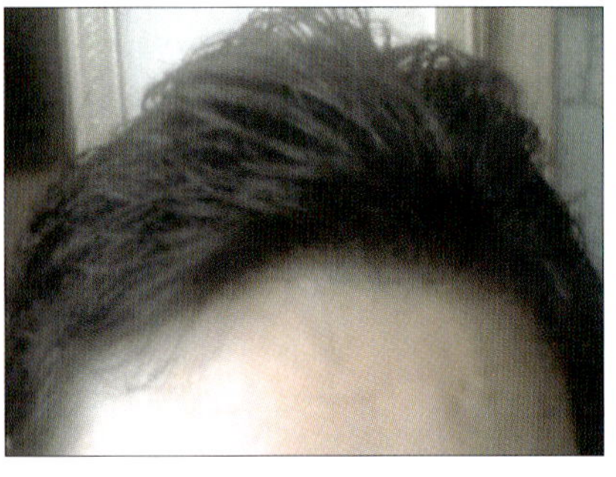

여성(50대초반),실사촬영

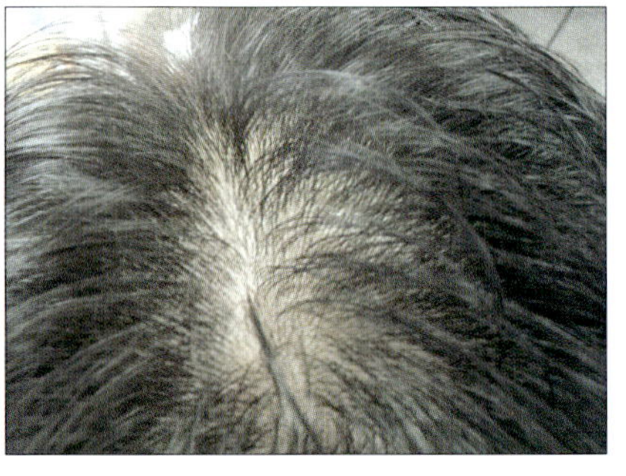

남성(40대후반),실사촬영

2) 탈모진행형

탈모진행형 두피의 특징은 얼룩현상이 심하고 모발이 점차 연모화 현상과 함께 다양한 원인으로 발생하고 정수리 및 두정부에 주로 발생하며 장기간 방치 하였을 때는 여러 군데로 서서히 진행되며, 인체 건강상태와 밀접한 연관이 있다. 예방적 측면이 최우선이다.

• 그림 3-17 •

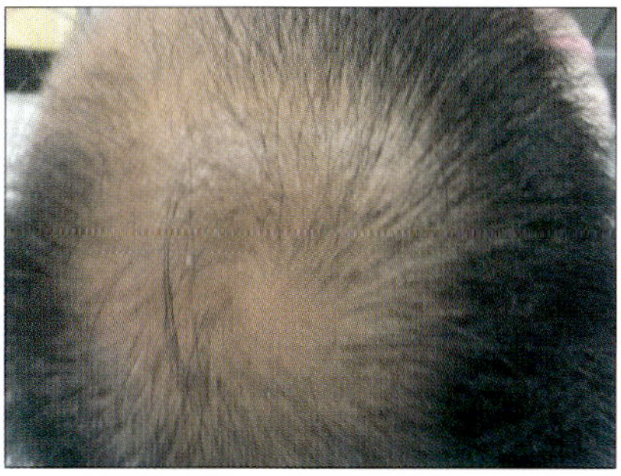

남성(50대후반)실사촬영

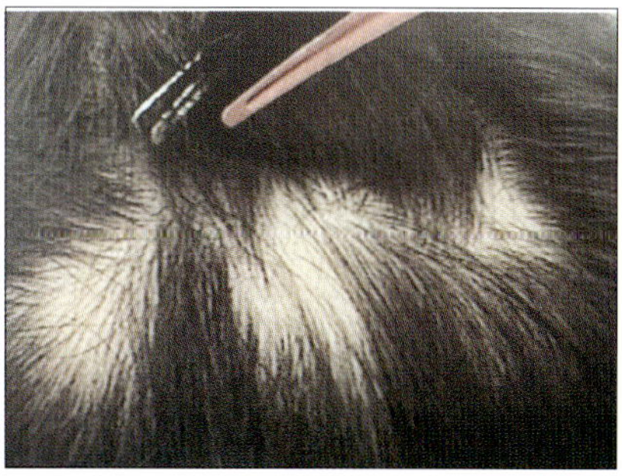

여성(40대 후반)

3) 원형탈모

원형탈모의 특징으론 가려움증이나 전염성은 없지만 탈모가 시작되는 경계선이 동전모양으로 확실하며 모발이 가늘어지면서 모발이 쉽게 끊어지기도 한다. 탈모 부위가 붉고 핍가 함몰되고 정 · 화 되기까지는 최소 4~6개월 정도가 소요된다. 주로 스트레스와 유전적 요인이 10~20%정도 차지한다.

• 그림 3-18 •

50대여성, 실사촬영

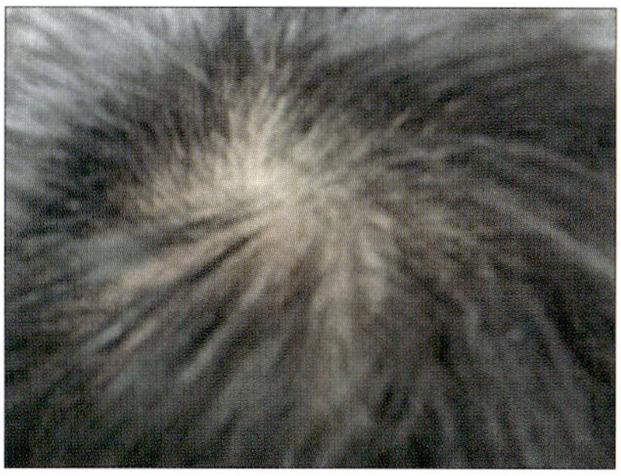

50대 남성, 실사촬영

4) 남성탈모

남성탈모는 전두부에서 두정부에 걸쳐 전체적으로 탈모가 진행된다. 탈모의 초기에는 두껍고 긴 성장기 모발이 휴지기 모발이 되어 탈모가 된다. 또한 턱수염, 가슴털, 팔, 다리등 다른 체모는 털이 많아진다. 원인으로 유전적 요인이 강하고 남성호르몬의 영향을 받는다.

• 그림 3-19 •

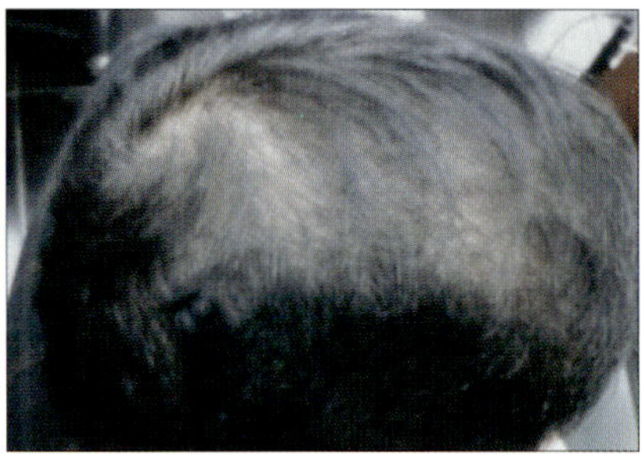

남성(50대 중반),실사촬영

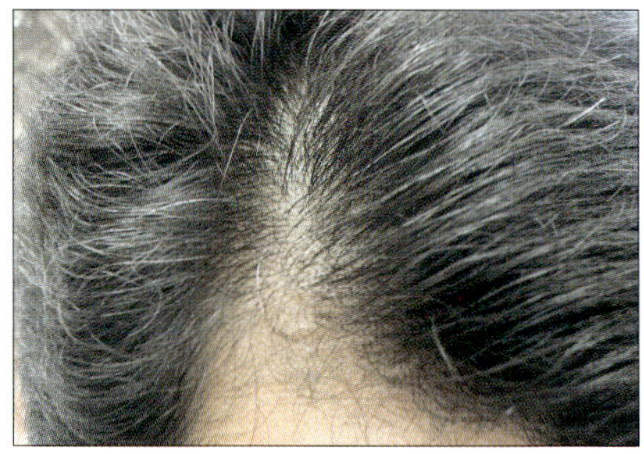

남성(50대 후반),실사촬영

5) 여성탈모

여성탈모의 특징은 정수리 부분부터 모발이 약해지기 시작하여 앞머리가 둥글게 연모화 되어 두피가 보이기 시작한다. 일정한 형태는 없지만 대부분 가르마형태의 탈모진행이 되며, 일반적으로 25~ 30세부터 나타나기 시작하여 남성호르몬의 영향을 받는다. 그리고 피임약이나 심한 다이어트로 인하여 안드로겐 분비가 활성화 된다.

• 그림 3-20 •

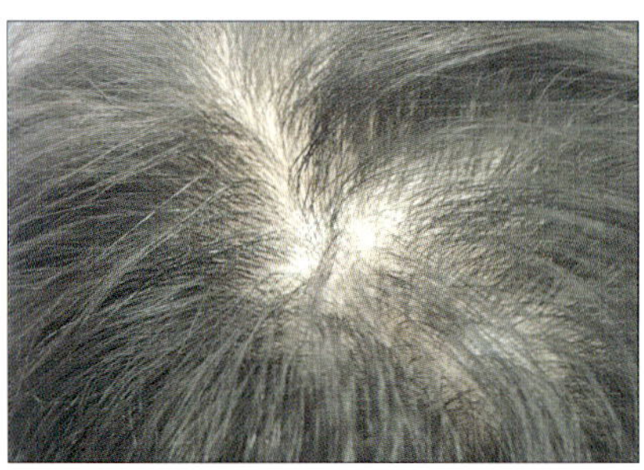

여성(40대중반),실사촬영

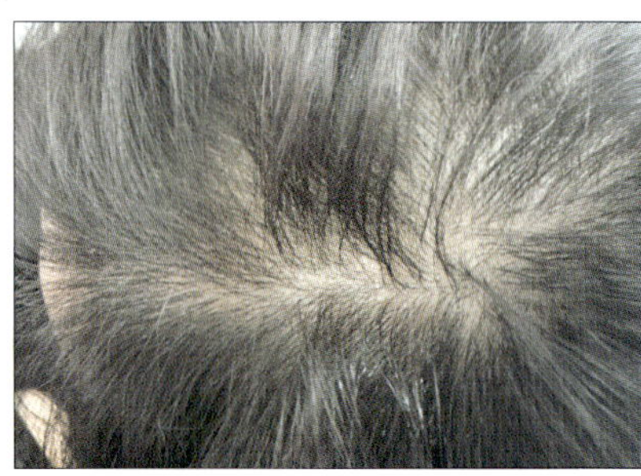

여성(40대중반)실사촬영

6) 휴지기성 탈모

휴지기성 탈모는 산후 휴지기 탈모가 대표적이다. 탈모위치는 헤어라인 3/1 부분에서 주로 빠지며 남성 탈모증과 유사하다. 3~4개월 동안 지속되고 전체모발의 15~25%정도가 된다.

• 그림 3-21 •

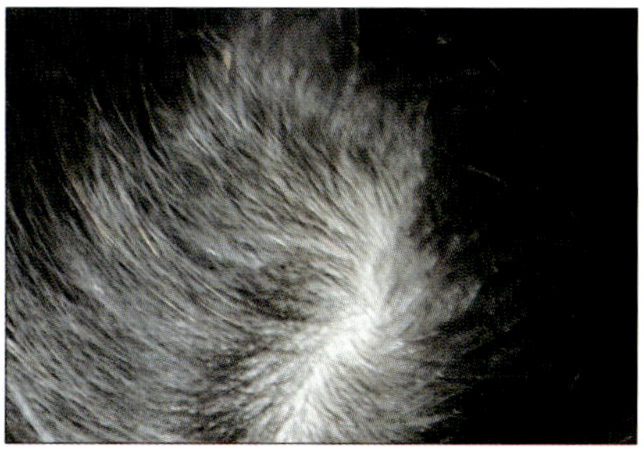

40대후반, 실사촬영

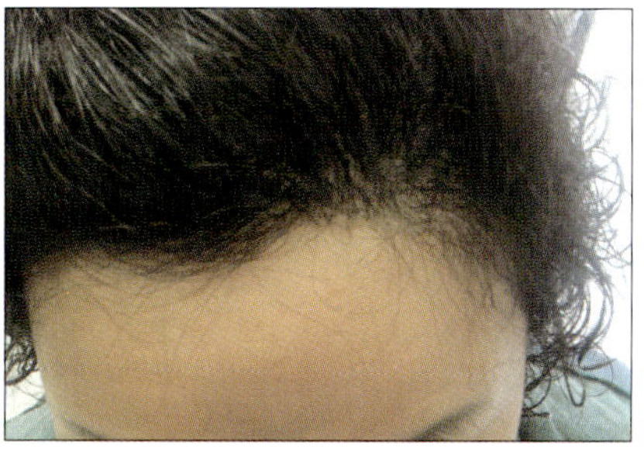

40대중반, 실사촬영

7) 내분비 질환에 따른 탈모

내분비 질환에 따른 탈모로 갑상선 기능 항진탈모와 저하 탈모는 머리 전체에 널리 퍼져 일어나며 갑상선 호르몬이 너무 많아서 새로운 성장기모가 발육하기 어렵기 때문에 휴기기 모가 빠진다. 주로 갑상선 호르몬이 과도하게 분비되는 증상이다. 갑상선 저하 탈모는 뇌하수체에서 분비는 갑상선 자극 호르몬에 따라 갑상선에서 분비되는 호르몬이며 모발에 있어서 갑상선 호르몬 분비의 저하는 탈모와 각화를 촉진한다.

• 그림 3-22 •

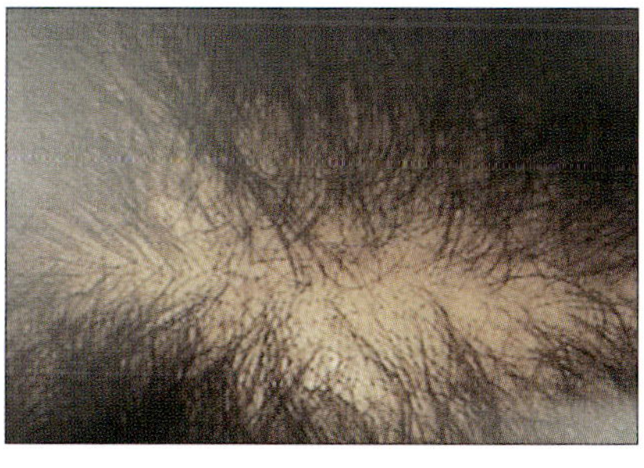

여성(50대후반), 실사촬영

여성(40중반), 실사촬영

8) 약제성 탈모

주로 약제성 탈모는 항암제를 주사하거나 복용하면 세포 분열이 적은 조직은 거의 영향을 주지 않지만 세포분열이 활발한 생식세포나 모모세포 등은 파괴되기 때문이다.

• 그림 3-23 •

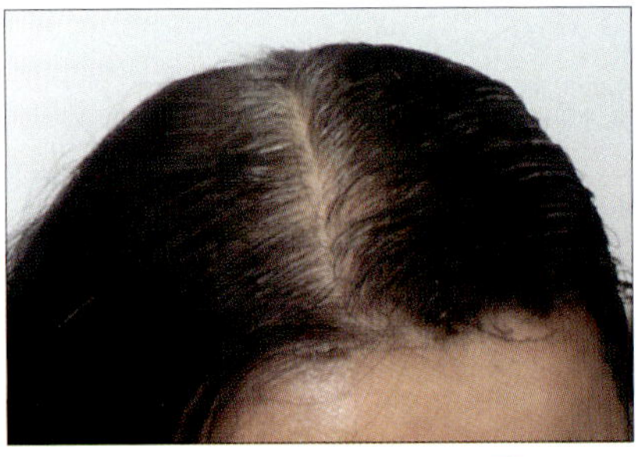

50대 후반, 실사촬영

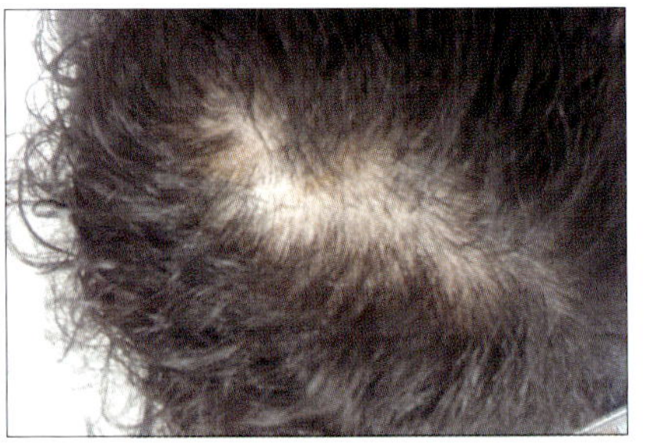

40대 후반, 실사촬영

9) 견인성 탈모

모발의 모근이 상할 정도로 심하게 뽑히는 것이 반복되면서 기능이 약화되거나 모발생성의 장애로 보이는 탈모유형으로 잡아당김이 지속되어 나타나는 유형과 일시적으로 외부의 압박에 의해 다량으로 뽑히면서 물리적인 충격에 의한 유형의 두 경우 모두 관리상의 어려움이 따르며, 심한 경우 반흔성으로 고착되는 경우가 발생한다.

• 그림 3-24 •

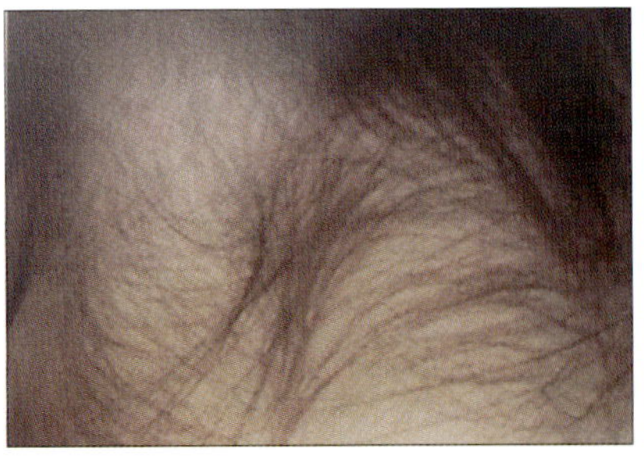

여성(40대)

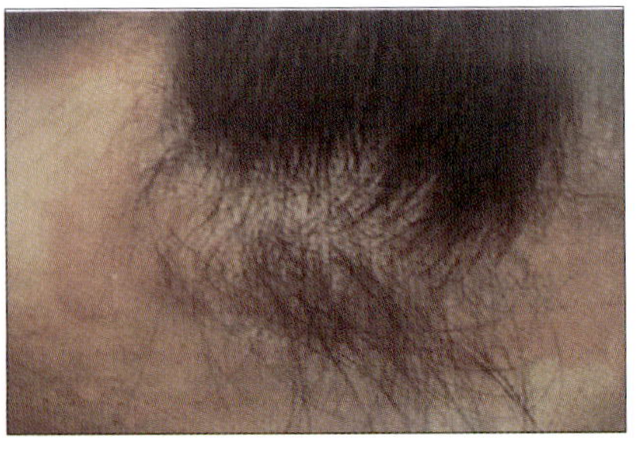

남성(50대)

10) 반흔(흉터)성 탈모

흉터성 탈모는 모근의 파괴에 의해 일어나는 탈모증으로 외상이나 화상에 의해 모근이 파괴되거나 피하조직에 세균이 감염되어 흉터가 만들어져서 모발이 자랄 수 없는 경우이며, 모발이식의 방법 외에 자연적인 회복이 불가능한 영구 탈모증을 말한다.

• 그림 3-25 •

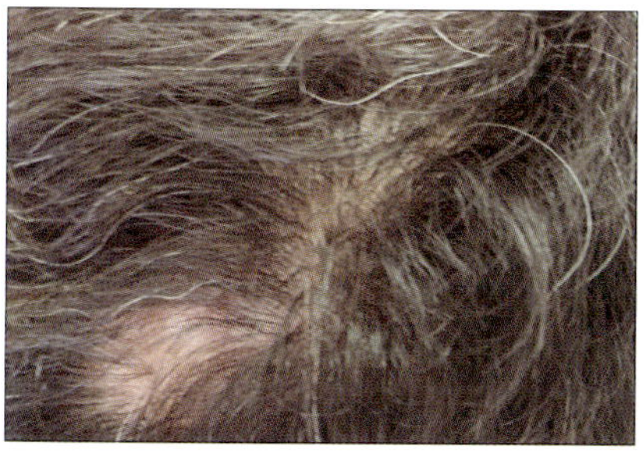

남성(50대후반)염증 감염 실사촬영

남성 (40대)세균감염

11) 유전성 탈모

유전 탈모는 가족력 영향으로 오는 것이며, 우리 몸의 건강과도 밀접한 관계가 있다. 그러므로 스트레스는 가급적 받지 않는 것이 좋고 일찍자고 일찍 일어나는 습관과 먹는 것으로서는 인스턴스 음식이나 기름진 육류는 피하고 해조류나 견과류, 뿌리채소 등의 영양을 생각하는 규칙적인 식사와 일주일에 계획을 잡아 3번 정도는 가벼운 스트레칭 운동도 탈모예방에 아주 좋다.

• 그림 3-26 •

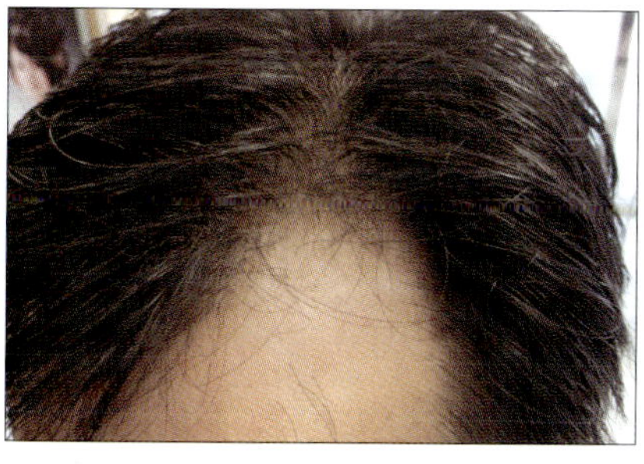

여성(40대)

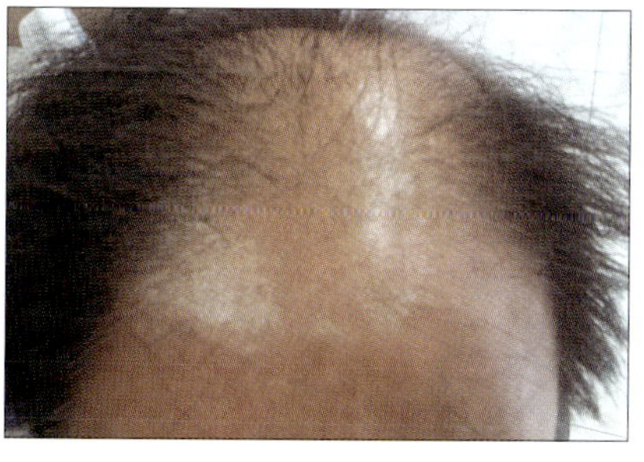

남성(50대)

12) 스트레스에 의한 신경성 건선 비듬 탈모

심한 스트레스, 내분비 호로몬 조절기능(ADH)저하, 수면장애,면역계이상 등과 같이 혈관을 수축되게 하여 혈류흐름을 방해하고 영양공급장애로 저 체중과 함께 피지선의 피지분비이상, 피지산화, 심한지루성비듬, 지루성염증, 건선비듬 등 복합적인 두피질환으로 두 개피흡착, 모근 위축을 동반하여 탈모를 발생 시킨다.

• 그림 3-27 •

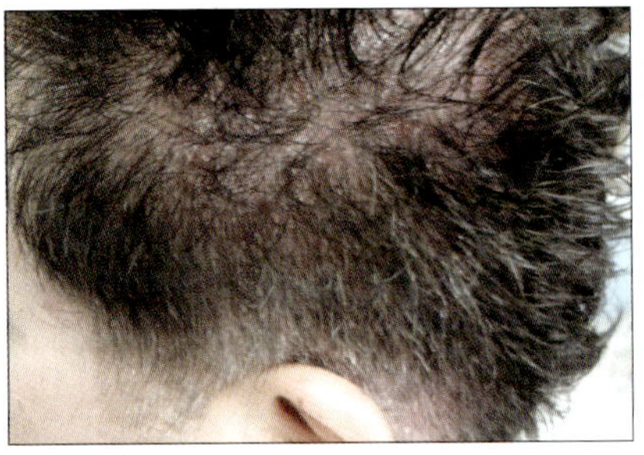

사이드 부분 건선 비듬 (실사촬영)

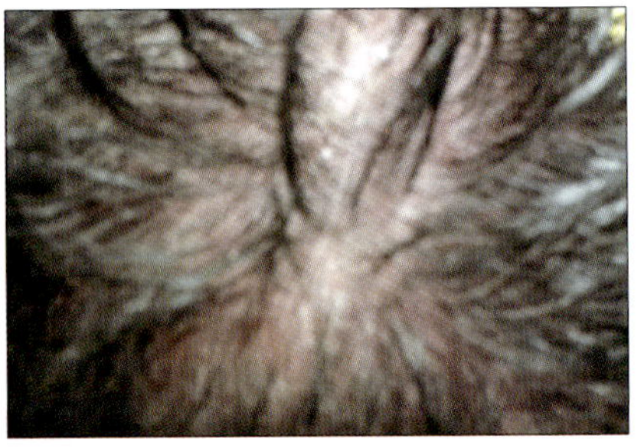

탑부분- 백사이드 부분 염증(실사촬영)

02 탈모의 원인

탈모의 원인에는 호르몬의 영향과 과도한 스트레스와 임신과 출산, 유전적인 요인, 지루성 피부염, 외부적인 요인, 식생활, 기타원인 등이 있다. 정신적인 육체적으로 스트레스가 쌓이면 자율신경 실조증을 초래하여 모발의 발육을 저해한다. 그러므로 두부에 혈액이 잘 공급되지 않고 모발에 영양이 전달되지 못함으로 탈모가 진행된다. 보통 심한 스트레스를 받으면 2~4개월이 지나서 탈모가 시작되고 하루에 120~400개 이상 탈모가 되기도 한다. 요즈음엔 과다한 업무, 심한 다이어트와 스트레스로 인한 탈모는 주로 20대 젊은층에서 많이 나타나고 있는 추세이다. 남성호르몬은 피지 분비를 촉진하므로 지루성과 탈모의 원인이 된다. 여성의 경우 임신을 하게 되면 여성 호르몬의 증가로 휴지기의 모발이 빠지지 않다가 출산을 하고 탈모가 생기는 것으로 여성호르몬이 감소되면서 휴지기 모발이 한꺼번에 빠져 탈모가 생긴다. 탈모는 출산후 2~6개월 정도 지나면 자연스럽게 다시 회복되기도 한다. 외부적인 요인으로 화상, 염증, 외상등의 상처나 퍼머, 염색, 탈색, 스타일링 등의 화학약품과 공해로 인하여 두피를 손상시키거나 모근을 위축시켜 탈모을 유발시키기도 한다.

03 탈모 유형에 맞는 관리법

탈모에 유형에 따라 관리방법은 다양하다. 탈모 진행형이나 원형 탈모 등은 부분 가모를 사용하거나 약물 요법 등을 사용하고 있다. 그러나 원형탈모의 경우 약물요법을 잘못사용하게 되면 더 많은 탈모가 진행될 수 있으므로 전문인의 진단이 필요하다. 전반적으로 탈모는 예방이 중요하므로 두피관리와 모발에 맞는 제품 사용이 아주 중요하다. 특히 남성탈모는 두피관리와 이식수술, 남성가모로 대체하고 있는 추세이다. 현재는 주로 약물요법, 메조테라피(메조페시아), 모발이식 또는 비수술적 모발의 재건방법으로 가모 사용등이 대체적으로 많이 사용되고 있는 관리방법이라고 할 수 있다.

04 탈모 시장 현황

탈모의 시장현황을 보면 두피업체와 병원 등의 자체조사에 따르면 주로 탈모 발견시기가 90%가 30대 이전으로 연령층이 낮아졌음을 알 수 있다고 한다. 주로 20대가 많이 나타나고 있으며 그 원인은 스트레스증가와 환경적인 영향이라고 한다. 관련시장을 보면 연간 410억 규모의 두피탈모 관련 제품이 판매되고 있으며 병원을 제외한 일반 업체들도 연간 270억 정도라고 한다. 연간 1조가 넘는 탈모 시장에 병원, 한의원, 관리업체, 제약사, 대기업 들이 모여들고 있으며 전문적이고 체계적인 시스템을 갖춘 전문 병원의 필요성이 대두되고 있는 시점이다. 관리보다 치료의 개념으로 대두되고 있는 시점이라고 할 수 있다. 그리고 직종별 탈모에 대한 불안감을 보면 전문직이 가장 높고 자영업, 일반 사무직, 가정주부 형태로 나타난다고 조사되었다. 이와 같이 탈모로 인하여 사회생활에 미치는 영향을 보면 자신감이 없어지고 연애, 결혼을 위한 이성교재, 사교와 활동의 기회, 사업이나 승진의 기회, 인상악화, 기타 등으로 탈모증 환자가 늘어나고 있는 추세이다. 이러한 문제점을 해결하기 위해서는 현장 전문 인력과 체계적인 전문교육이 필요하다. 더불어 탈모로 인한 가모시장의 발전으로 부분가모 또는 전체가모 등 가모의 헤어스타일을 연출할 수 있다. 이러한 가모로 인한 아름다움과 심리 치료 방법이 자연스럽게 등장하고 있으며 많은 탈모한자들이 이용하고 있는 추세이다.

과제 1 모발의 성장 및 주기(Hair Cycle) 에 대하여 토론해보자

과제 2 탈모의 원인에 대하여 토론해보자

가모 소재학 4장

Ⅰ. 가모 소재의 특징 및 재료

Ⅱ. 망과 스킨의 특성

Ⅲ. 좋은 가모의 조건

Wig

I 가모 소재의 특징 및 재료

01 가모 재료 및 도구

패턴용 비닐, 비닐, 줄자, 매직, 가위, 투명테이프, 빗, 앞정, 클립, 양면 테이프, 스킬바늘, 실, 바늘 大 · 中 · 小, 거치대, 브러쉬

• 그림 4-1 •

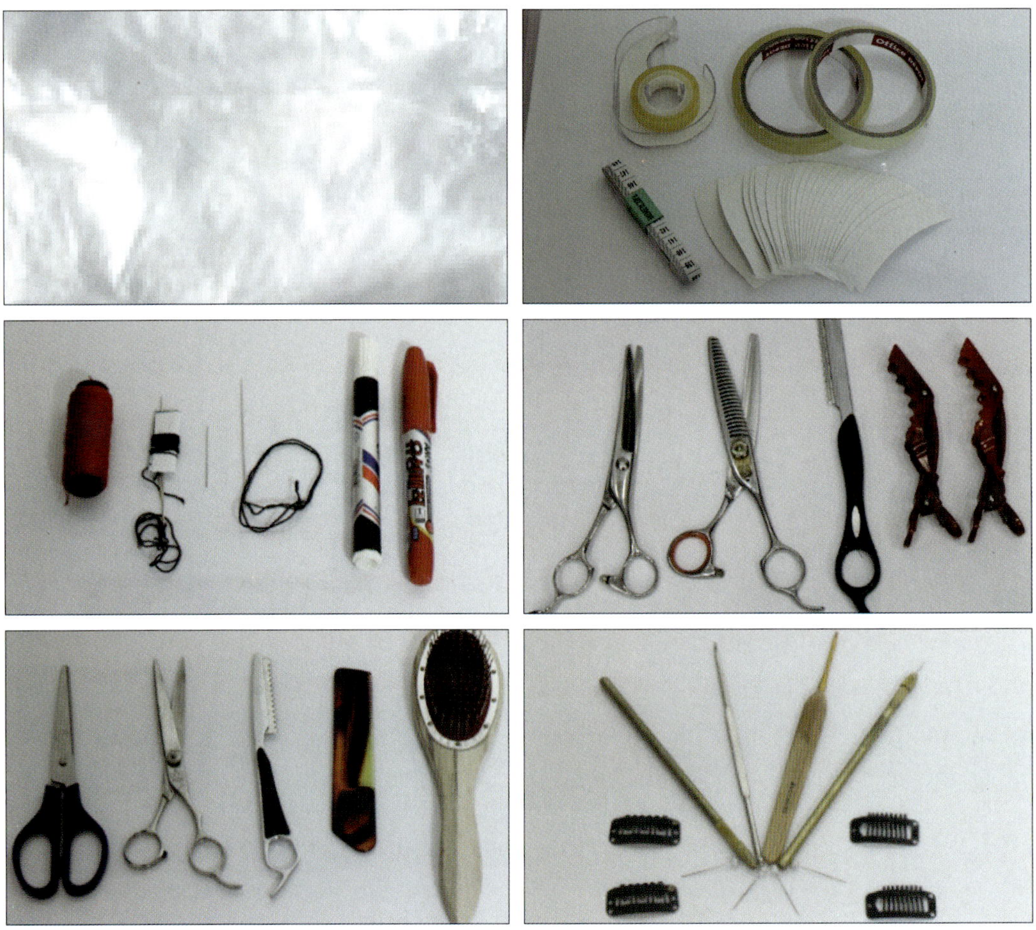

 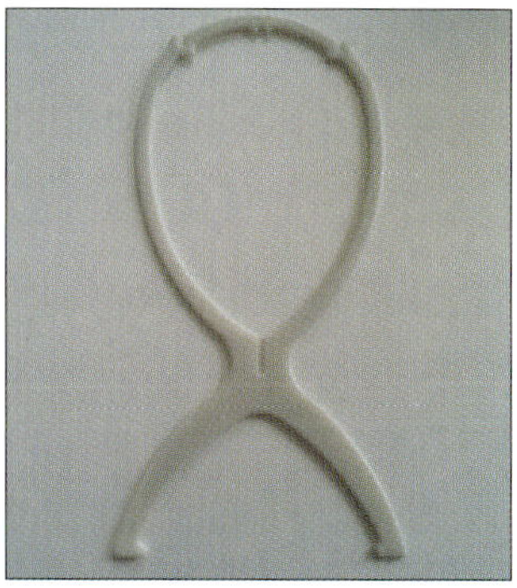

02 가모의 원사 특징 및 종류

1) 일반 원사

PVC 제질로 되어있는 일종의 나일론 원사로써 유기가 많고 탄력성이 강하며 윤기가 나는 것이 특징이며, 패션가모에 많이 사용되고 있다.

- **장점** 가늘고 가벼우며 볼륨감이 있다.
- **단점** 열에 약 하며 가급적 샴푸는 피하는 것이 좋다.

2) 고열사

순수 한국산 원사로 사용되며 170℃~210℃의 열에 강하며 드라이어, 고데기, 매직기 사용이 가능하다

샴푸시에는 미지근한 물에 샴푸를 먼저 풀어 거품을 낸 후 가볍게 조물조물한 다음 린스나 트린트먼트로 헹구어 자연건조나 찬바람으로 말린다.

- **장점** 온도에 저항력이 있어 손질이 용이하다, 스트레이트류에 적합하다
- **단점** 무거운 느낌이 든다

3) 인모

인모의 원산지는 크게 중국 毛와 인도 毛로 나누어지고 있다.

중국모는 추운지방으로 두께가 두꺼워 한국인 毛와 흡사 하나 인도 毛는 더운 지방이라서 가늘고 날리는 성질이 있어 약간의 제한을 받는다.

(1) **인도인 모** 유럽인 모발과 굵기, 감촉이 유사하다.

- **장점** 열에 강하며 퍼머나 염색이 가능하다
- **단점** 긴머리의 인모가 잘 없다

(2) **중국인 모** 한국인 모발과 굵기, 감촉이 유사하다.

- **장점** 헤어스타일이 자연스럽다
- **단점** 샴푸시 엉킴이 심하다

(3) **인도네시아인의 모발은 유럽인 모발과 흡사한 것이 특징이다.**

- **장점** 머릿결의 변형이 적다.
- **단점** 탈색이 된다.

(4) **이탈리아인모발은 자연모발의 색상별로 다양성의 특성을 가지고 있다.**

- **장점** 스타일 연출이 자유로우며, 퍼머나 염색이 가능하다.
- **단점** 퍼머나 염색이 쉽게 된다.

4) 인모 + 고열사

인모와 고열사를 적절한 비율로 섞어 재작하며 인모가 많이 들어갈 경우 재료의 수급이나 가공의 인건비로 인해 국내 생산이 어렵다.

- **장점** 펌이나 염색 가능하다.
- **단점** 판매 가격이 비싸다.

5) 인조 毛

일반 毛에 비해 컬의 유지력이 오래가며 잦은 샴푸에도 변형되지 않는 것이 특징이다.

(1) **미국인 모발(Modacrylic)** 모질의 굵기가 얇아 열을 주어 킬을 만들기가 어렵다.

- **장점** 컬러가 오래 유지 된다.
- **단점** 퍼머나 염색이 안된다.

(2) **일본인 모발** 부드럽고 세련된 느낌의 컬러의 믹서 조화를 이루고 있다.

- **장점** 수명이인모보다 길다.
- **단점** 열의 마찰이 비교적 약하다.

(3) 독일인 모발(Synthetic) 기억형상모가 있어 스타일을 오래 유지 하는 것이 특징이다.

- **장점** 처음스타일이 오래가며, 길이 조절이 자유롭다.
- **단점** 인모에 비해 윤기가 많다.

6) 오가닉(Organic) 원사

고열사로서 인모와 같이 섭씨 200℃까지 견딜수 있는 합성모로서 스타일링은 쉽게, 컬유지 오래간다.

- **장점** 인모와 같은 촉감을 유지한다.
- **단점** 사용기간이 짧다.(약 5개월~12개월)

인모와 인조모의 차이점	
인모	감촉이 부드러우며, 열에 강하고, 본인의 머리카락에 가까운 자연스러운 광택이 난다. 오랜 세월 동안 사용하면 컬러가 발색 되거나 웨이브가 풀리는 느낌은 있지만사후 관리가 쉽기 때문에, 나중에도 원하는 색상이나 웨이브 등을 조절 할 수 있다.또한 인모 가모에 특수코팅을 처리하고 있기 때문에, 자연스럽게 사용할 수 있습니다.
인조모	열에는 약하기 때문, 고온에서의 사용과 드라이어를 할 수 없다. 인모와 비교하면, 컬러가 다양하며 색깔이 약간 다를 수 있지만 변색하지 않는 장점도 있다. 그러나 염색 하기 어렵기 때문에 나중에 컬러체인지나 웨이브 등의 스타일 조정이 용이하지 못하다.
내열 인조모	열에는 약하기 때문에 고온에서의 사용과 드라이어를 할 수 없는것이 단점이다 인모와 비교하면, 컬러가 약간 다를 수 있으며, 컬러가 발색이 되지 않는 것이 장점이다. 인조모와 같이 컬러체인지나 웨이브 등의 스타일 조정이 용이하지 못하다.

03 가모 관리 방법

1) 일반 원사의 관리법

가모의 머릿결이 상 하였을 때는 린스나 트리트먼트를 미지근한 물에 희석하여 5분정도 담겨 두었다가 건진 다음 뒤집어서 타올로 꾹꾹 눌러 물기를 제거한 후 자연건조 한다.

보관 할 때는 빗이나 핸드 손질로 정리 한 다음 망에 씌워 거치대에 걸어 둔다.

2) 고열사 관리법

사용 횟수가 많을수록 손상이 되므로 트리트먼트나 유연제 처리를 한 후 자연건조 한 다음 망에 씌워 거치대에 걸어 둔다.

II

망(base)과 스킨(skin)의 특성

01 망의 종류

1) fine mono filament(부드러운 모노망)

남성용, 여성용 맞춤가모에 사용되는 베이스이다.

내구성과 통풍성이 좋은 부드러운 나이론 망으로 제작 한다.

2) swiss net 스위스망(sw-1500)슈퍼 월드 모노망

일반 모노망에 초음파 처리하여 내구성을 높여 잘 찢어지지 않는 장점으로 전체망 또는 앞이마 부분의 자연스러운 헤어라인을 위해서 사용한다.

3) micro polyurethan skin

얇은 마이크로 폴리우레탄을 사용하며 접착을 위해서 베이스 테두리부분에 사용되어 접착 및 망을 고정시키는 역할을 하며 접착 방법에 있어 쉽게 접착이 되고 제품의 내구성을 높인다.

4) swiss net 독일망

일반 모노망과 비슷한 모양을 갖고 있지만 국산망에 비해서 내구성이 뛰어나고 가볍다는 특징이 있다.

제품의 내구성 때문에 전체 레이스 망으로 사용된다.

5) flesh net 그물망

일반망에 비해서 구멍이 커서 통풍이 잘 되는 장점이 있으므로 완전한 탈모가 아닌 조금 남아 있는 모발을 그물망 사이로 뽑아내어 기존머리와 함께 자연스러운 모발 상태의 부착머리용으로 사용된다.

• 그림 4-2 • 망의 종류

전체망

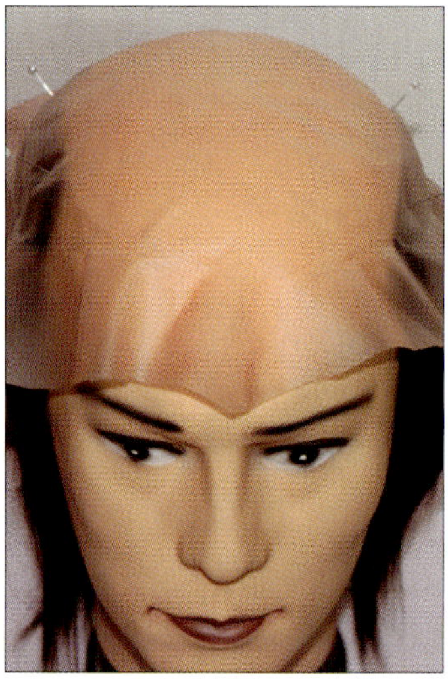

스킨 모양

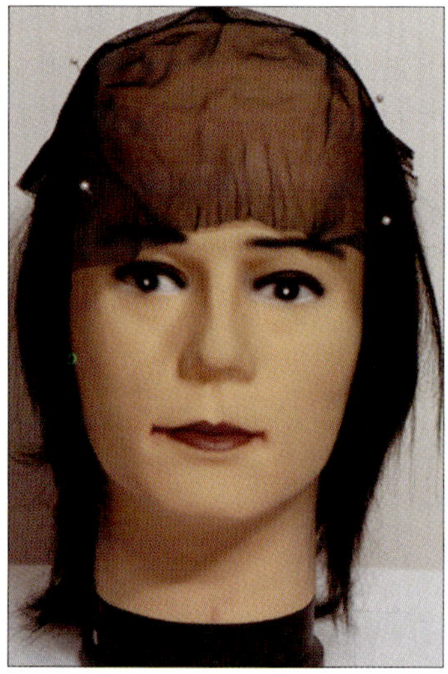

망 모양

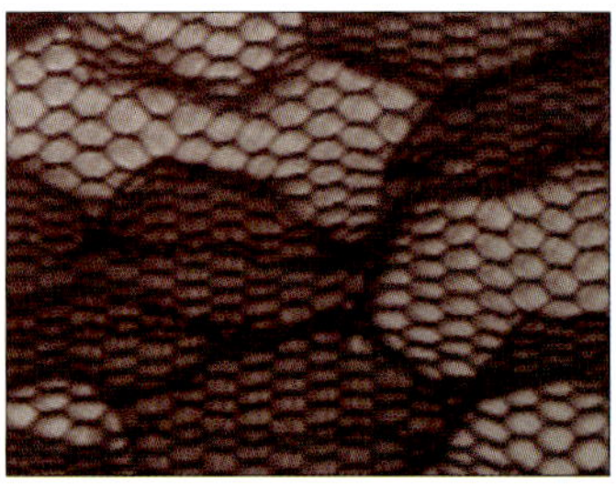

NN-01 꽃망

PB4

NN-07 육각망 MONO

SAPN망(大)

SAPN망(小)

NN-12 HDS망

NN-03 40D

NN-08 용천망

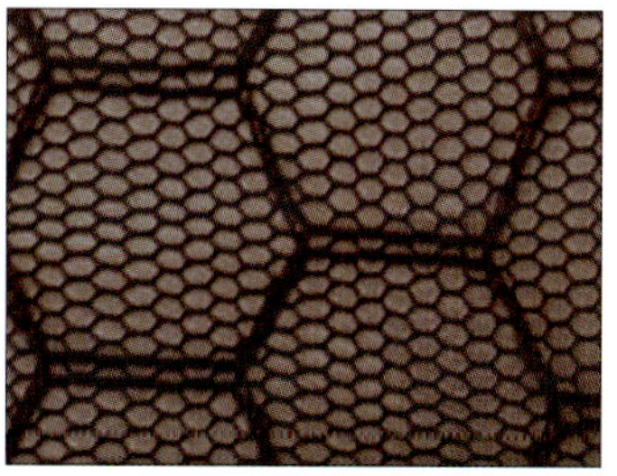

NN-9신후망

NN-06 30D

NN-10 FLNE MONO

NN-11 샤망

NN-13HOS(F-11.M)

NN-14 NB4

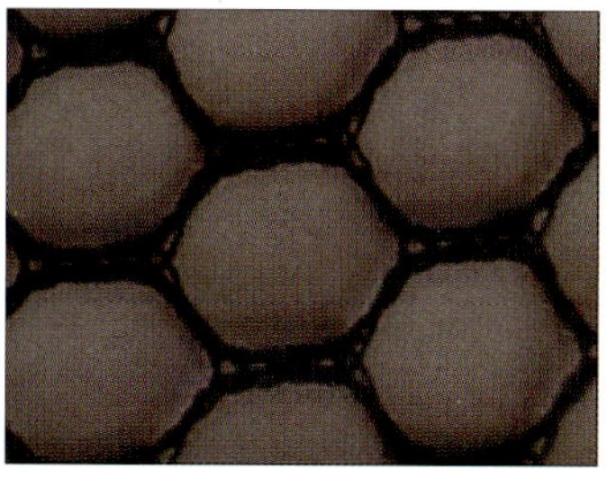

NN-15 벌집망

꽃망+SAPN망(小)

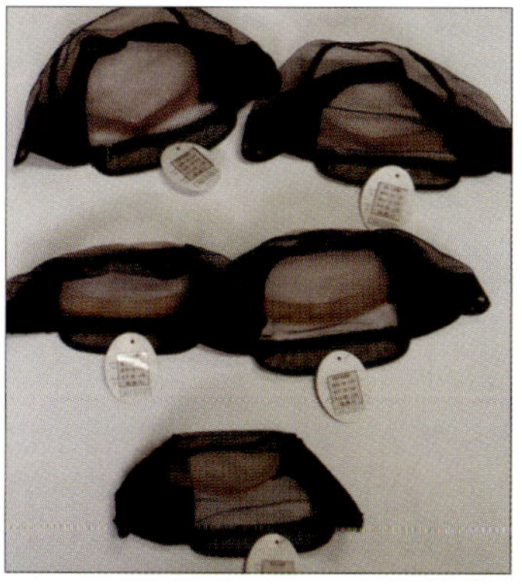

망 종류 NO

육각망 +HDS망

테이프식 전체망 1

테이프식 전체망 2

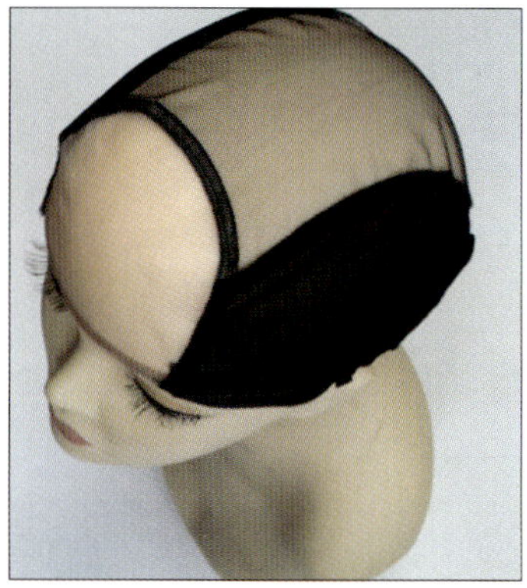

테이프식 전체망 3

02 스킨의 종류

• 그림 4-3 •

NKT-08

NKT-01

NKT-10

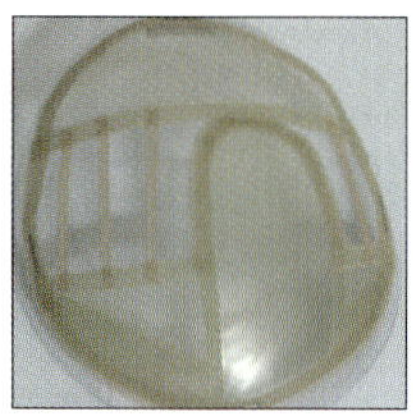

NKT-07

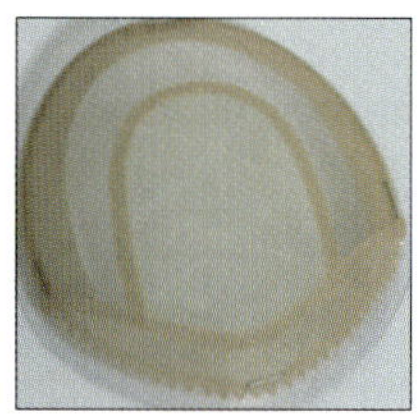

NKT-03

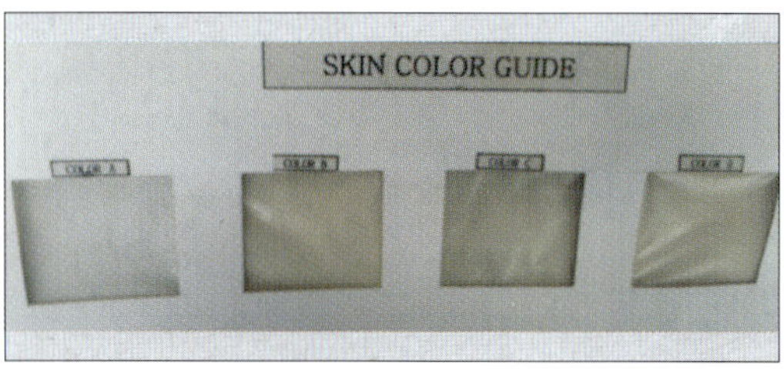

NN-03 40D

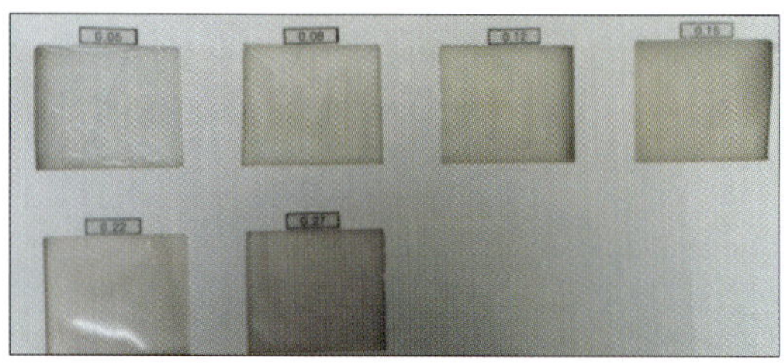

NN-03 40D

03 헤어 클립 종류 및 장단점

클립형 가모는 가모에 클립을 4-5개를 부착하여 건강한 모발에 클립이 맞물려 물어지도록 만든 제품으로써,

가장 많이 이용하고 있는 것으로, Claim도 가장 적은 제품이다. 클립형 가모는 활동성이 강한 젊은층 보다는 중 · 장년층에게 적합한 제품이다.

필요한 때와 장소에 따라 마음대로 탈부착이 용이하다. 따라서 손쉬운 관리법과 가모의 수명을 중요시하는 기성세대의 욕구에 충분히 맞는 제품이기 때문에 판매 전략을 그 방향으로 유도하는 것이 중요하다.

M.P형 가모는 고정 부착방식 중에서도 손님의 모발을 깍지 않고 100%살려서 쓸 수 있다는 큰 장점이 있기 때문에, 고정부착을 원하지만 부착부분에 머리를 깍아야 하는 부담 때문에 꺼려왔던 분들에게는 가장 적당한 제품이란 면을 부각시켜야 한다. 또한 탈착식과 겸용이 가능하기 때문에 한가지 제품으로 두 가지 제품을 사용할 수 있다는 것 또한 영업을 하는데 있어서는 큰 Merit가 될 수 있으므로 판매의 포커스를 탈부착과 고정부착을 동시에 할 수 있는 가모란? 것에 초점을 맞춰야 할 것이다.

1)착탈식 클립(clip)형

탈모된 주변의 머리카락이 튼튼해야 하고 장년층과 땀이 많은 사람에게 적합하다.

- **장점** 본인이 원할 때 언제든지 탈착이 가능 하다.
- **단점** 벗겨질 우려가 있으며 장시간 사용시 클립부분의 자모가 손상될수 있고 금속 알레르기 있는 사람은 주의 해야 한다.

2) 착탈식 테이프(tape)형

탈모된 주변머리가 적거나 금속 알레르기가 있는 사람에게 적합하다.

- **장점** 본인이 원할 때 언제든지 탈착이 가능 하다.
- **단점** 가모가 벗겨질 우려가 있으며 땀이 많은 고객은 접착력이 약해 다소 불

편하다.

3) 고정식결속(weaving)

탈모된 부위의 자모를 살려두고 가장자리 양측의 단단한 자모만을 이용해서 가모와 결 속시키는 방법 이다.

- **장점** 잘 벗겨 지지 않으며 착용한 상태에서 심한 운동이나 수영, 목욕이 가능 하며 가모 착용시 자모를 밀어내지 않고 부착시술이 가능 하며 20~30일 정도 오래 유지 할 수 있다.
- **단점** 결속한 일부가 떨어지면 자가 수정이 안되므로 부착시간이 길어질수록 갑갑함을 느낀다

4)고정식 증모(addition)

한가닥의 자모에 인조 모발을 붙이거나 합성모발을 붙여 숱이 많아 보이게 한다.

- **장점** 가모가 아닌 방법으로 가볍고 편안하다.
- **단점** 한번 시술에 1000가닥정도 증모가능 하기 때문에 많은 양은 힘들다. 머리카락이 없는 부분은 시술이 불가능하며 시술시간이 오래 걸린다.

5) 특수 접착식(a/cling)

탈모부위의 자모를 밀어내고 가장자리와 주변에 특수접착제나 특수 테이프를 이용하여 가모에 부착하는 방법이다.

- **장점** 잘 벗겨 지지 않으며 가모를 착용한 상태에서 심한 운동이나 수영, 목욕이 가능 하며 잠 잘 수도 있다.
- **단점** 결속한 일부가 떨어지면 자가 수정이 안된다 부착시간이 길므로 갑갑함을 느낄 수 있고 알레르기 있는 사람 은 주의를 해야 하며 땀이 많은 사람의 경우 지속력이 떨어진다.

• 그림 4-4 •

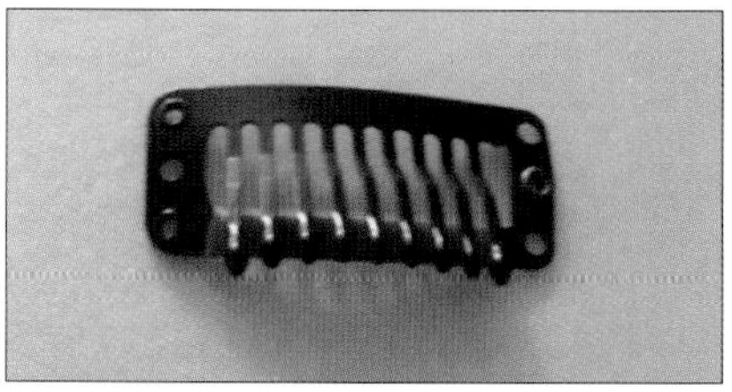

NN-03 40D

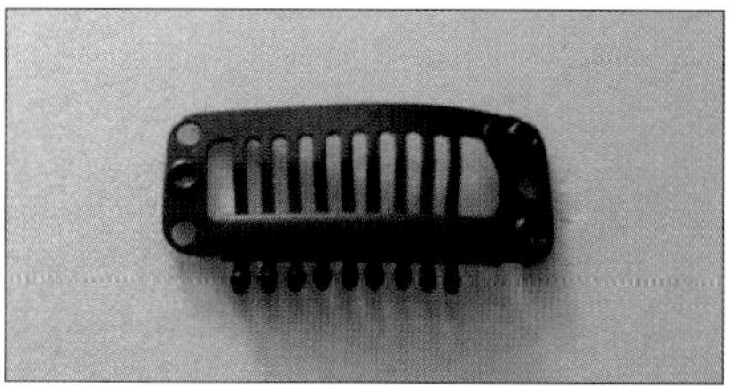

NN-03 40D

NN-03 40D

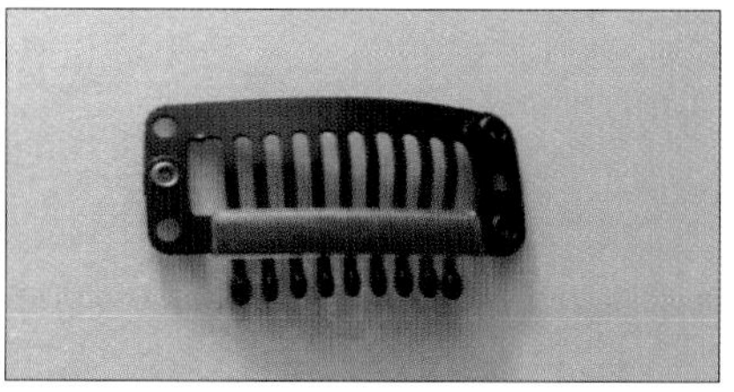

NN-03 40D

III

좋은 가모의 조건

사용자에 의한 착용감이나 편리함이 타인에게 보여지는 모습이 부자연스럽지 않아야 하며 자신의 모발과 비슷하여 가모의 티가 나지 않아야 한다.

헤어스타일의 다양한 변화를 시도 할 수 있는 것이 가모이며, 헤어 액세서리로 더욱 완성도 높은 '쓴다'라는 의미보다'입는다'는 패션의 의미를 갖는 것이다.

1 통풍이 잘되며 땀 흡수가 잘 되어야 한다.

2 헤어드라이어를 사용하지 않아도 스타일이 자연스러워야 한다.

3 비, 바람, 눈 등에 흘러내리거나 흐트러지지 않아야 한다.

4 착용감이 가볍고 편안하여야 한다.

5 장시간 착용하여도 두피에 염증이나 터러블이 없어야 한다.

6 운동, 수용 등 레져 활동에 불편하거나 불안감이 없어야 한다.

7 모발의 색상이 퇴색되지 않아야 한다.

8 샴푸시 말리거나 스타일 내기가 쉬워야 한다.

9 front 부분이 자연스러워야 한다.

10 테이프 접착 부분에 이물질이나 염증 발생이 일어나지 않아야 한다.

과제 1 가모 인모와 인조모에 대하여 정리해보자

가모 디자인학 5장

Ⅰ. 가모 실제

Ⅱ. 패턴 과정 및 부분방식에 따른 종류

Ⅲ. 가모 제작 과정

Ⅳ. 현장 실무 과정

Ⅴ. 가모 커트의 실제

Ⅵ. 가모 염색 실제

Ⅶ. 가모 펌 실제

Wig

I 가모의 실제

01 고객 챠트와 작업지시서 작성

고 객 상 담 카 드 I

수험번호		상담원		상담일자	
고객명		생년월일		휴대전화	
주 소	자택:			☎	
	직장:			☎	
직장명			부서:	직위:	
방문동기	광고(매체명:)		소개(소개인:)		

*기록된 소중한 정보는 고객님께 보다 나은 만족을 드리기 위한 자료로만 활용됩니다.

1 머리카락 굵기는?
① 굵고 강함 ② 굵고 약함 ③ 부드럽고 강함 ④ 부드럽고 약함

2 머릿결의 곱슬 정도는?
① 직모 ② 반곱슬 ③ 곱슬 ④ 심한 곱슬

3 비듬의 상태는?
① 없다 ② 조금 있다 ③ 많다 ④ 최근에 많아졌다 ⑤ 최근에 적어졌다

4 피부톤은?
① 일반 ② 하얀 피부 ③ 보통 하얀 피부 ④ 보통 검정 피부 ⑤ 아주 검정피부

5 두피의 지방성분은?
① 많다(지성) ② 조금있다(중성) ③ 거의 없다(건성)

6 일상 상황에서 땀을 흘리는 정도는?
① 흘리지 않는다 ② 조금 흘린다 ③ 많이 흘린다 ④ 아주 많이 흘린다

7 탈모 유전은 어느 쪽인가?
① 부계유전 ② 모계유전 ③ 부 · 모계 유전 ④ 관계없음

8 탈모 치료 경험은?
① 발모제 ② 약물치료 ③ 발모기구 ④ 기타( )

9 가모 사용 경험은?
① 없다 ② 있다(회사명: 공법:)

10 제품 제작 시 특별히 고려하시는 사항은?
( ) 본인 앞머리 살리는 스타일
( ) 뒷부분 모양 추가
( ) 요청을 엄수하여 주시기 바랍니다

상담원 메모

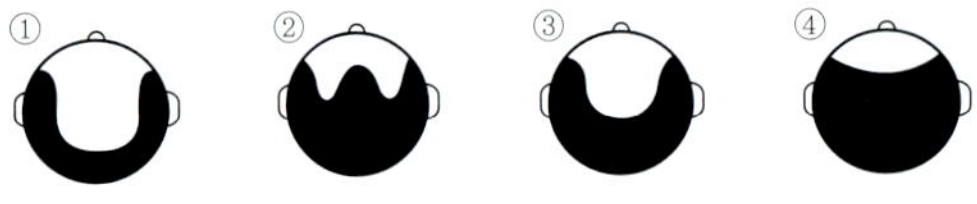

시술시 고려사항	원하는 색상	(모질)	모량
		인모, 인도모, 인조모	만다 보통 적다

상담 결과	상품번호			시술예정일	
	상품가격		계약금		잔금	
	기타				

고 객 상 담 카 드 Ⅱ

	무좌측	무우측	맘보석	좌 측	우 측	가운데	앞좌측	앞우측	올 백
스타일	 ☐	 ☐	 ☐	 ☐	 ☐	 ☐	 ☐	 ☐	 ☐

시스템		베이스		모발		모향	%	웨이브	미리	완성모양	인치
	애교앞 내면 반내면 전체내면 내면안 짬										

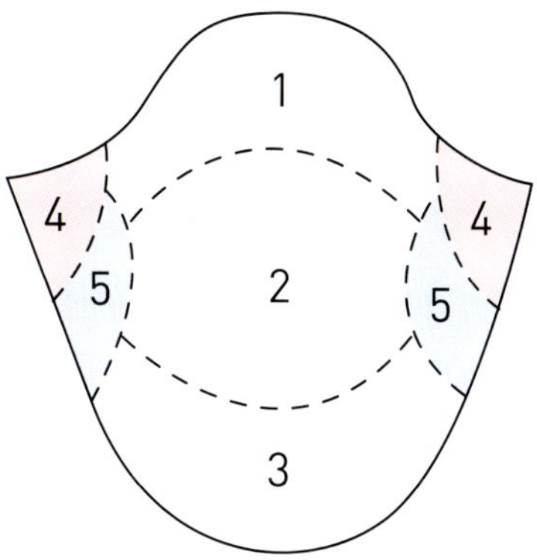

백모 비율

완성 예약일 2012년 월 일 성명

완성 예약일 년 월 일

특별 지시

작 업 지 시 서

CUSTOM ORDER FORM

ORDER NO 주문 NO :	O/DATE 접수날자 : 2012년 월 일	사진
CUSTOMER'S NAME 고객명 :	S/DATE 선적날자 : 2012년 월 일	
MODEL 품명 :	QUANTITY 수량 : PC.	

HAIR DIRECTION & PART POSITION
모방향 및 가르마 위치

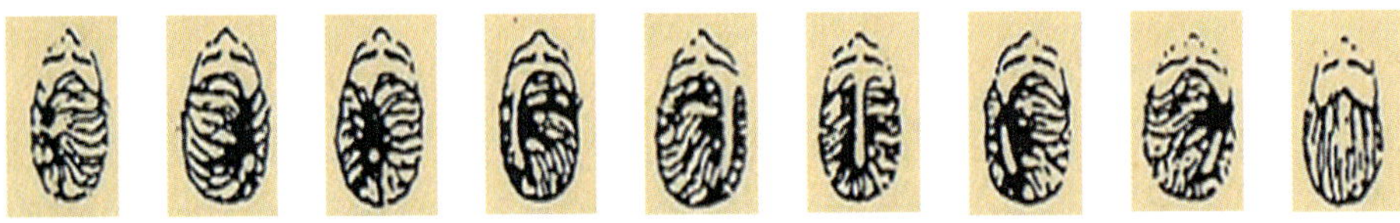

무좌측 무우측 맘보석 좌 측 우 측 가운데 앞좌측 앞우측 올 백

FIBER 원사	중국모	인도모	일본모	유럽모	고열사	기타	머리색상(COLER)
							COLER RING-컬러링 /FOLLOW SAMPLE-견본머리
HAIR COLER 머리색상	FRONT 앞	TOP 중앙	TEMPLE 귀	SIDE 옆	BACK 뒤		
							자재구성/캡색상/검정, 살색-선택사항
GRAY 백모	%	%	%	%	%	%	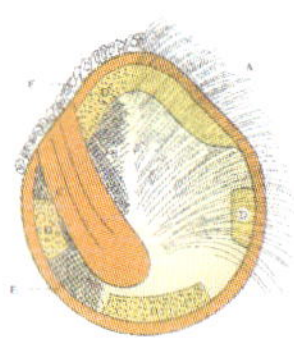
CURL B5mm							
CURL Dmm							
CURL Emm							
CURL Fmm							
CURL Gmm							
CURL Smm							
HAIR LENGTH 모장	cm						특별 작업지시서 앞, 위, 옆, 탑 % 따라 모량측정 된다
HAIR DENSITY 모량	%						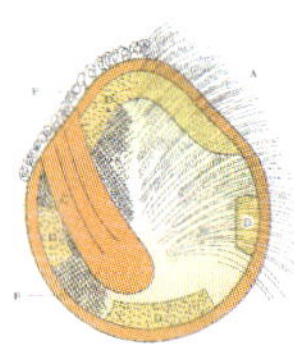
HAIR AHFID 가르마 모량	%						
UNDER LOOPING 내면	L M H		BABYHAIR 애교머리	L M H			

1) 가모 믹서 공식

1 본인머리 흰머리에 따라 20% 비율을 둔다

2 부위별 30%상황에 따라 다르다

3 탑 부분은 흰머리 섞지 말아야 한다

4 컬러는 본인 흰머리에 따라 20% 낫게 측정하여 가모제작 한다

5 길이조절은 남자는 부위별 모두 체크 해야 하고 여자는 목네이프 중앙에서 잰다

2) 가모 길이 공식

- **남자가모** 13cm ~15cm가 적당하며 나이가 많을 수록 모량을 적게 잡아야 자연 스럽다
- **여자모장** 앞, 뒤, 옆 자세히 기록 하야야 한다

  젊은층 – 70~80% 모량 비율 적합

  50대 – 60% 모량 비율 적합

  70대 – 50% 모량 비율 적합

3) 스타일 만들기

- **인모** 남자 – 90~100% 중국모 이지만 가는모 10~20% 폴리사를 믹스하여야 자연스럽다.

  현재 우리나라는 100% 고열사를 사용하고 있다.

02 패턴 작업과정 및 실제

1) 패턴작업 과정

• 고객의 얼굴형을 파악한 다음 포인터결정을 위한 두상 스케치 들어간다.

• 이마위치를 선정 한다. 미간에서 손가락 4개정도, (평균7cm±5mm도)

• side point는 눈썹산과 귀 앞부분에서 만나는 지점에서 선정 한다.

• 둘레위치는 두상의 탈모위치에서 건강한 모발 1.5cm정도 아래 그려 준다.

• front side point 부분과 둘레부분 연결은 옆 부분의 머리 난 부분에서 머리숱이 많이 난 헴라인 1.5~2cm정도의 뒤에서 그려주며 머리숱이 적은 경우는 헴 라인 0.5~1cm정도 앞에서 그려 준다.

• 가르마선 결정은 센타지점을 먼저 정하고 곡선 혹은 직선의 가르마 선을 가상으로 표시해 둔다.

• point 작업이 끝나면 1차 Tape 붙이기에 들어간다. 이때 Tape이 울거나 한쪽으로 몰려서 붙이 면 콘튜어가 맞지 않아서 Fitting 할 때 힘이 든다.

• 1차 가로 Tape 작업이 끝나면 2차, 세로 Tape 붙이기에 들어 간다. (Tape 반복 작업)

• Tape 작업이 완성되면 가위로 오려 준다.

• 모든 작업이 끝나면 가모의 모발 컬러를 결정 한다.

• 마지막으로 패턴을 완성 한다.

03 패턴작업의 실제

1) 스킨 몰드 제작 과정

• 그림 5-1 •

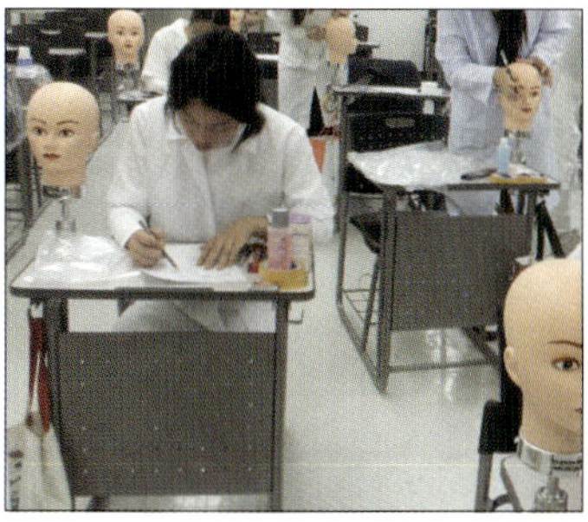

두상 스케치 들어 간다

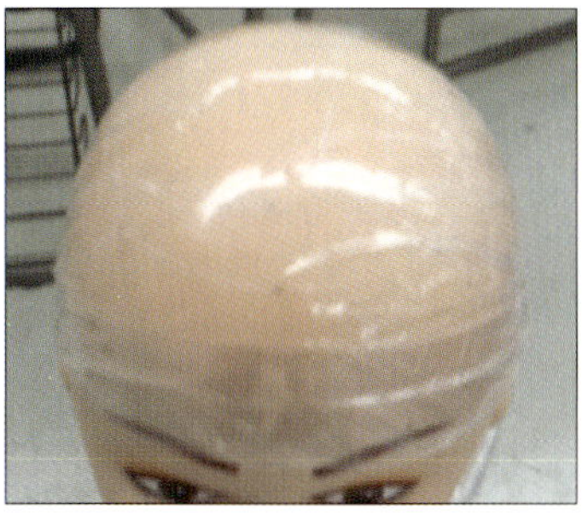

패턴지를 씌운다

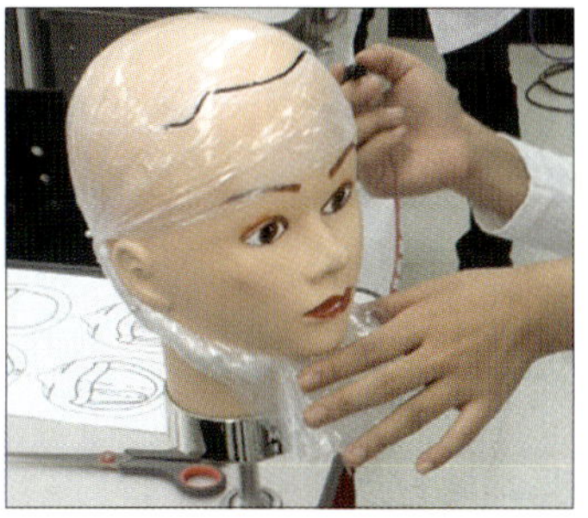

이마위치를 선정 한다

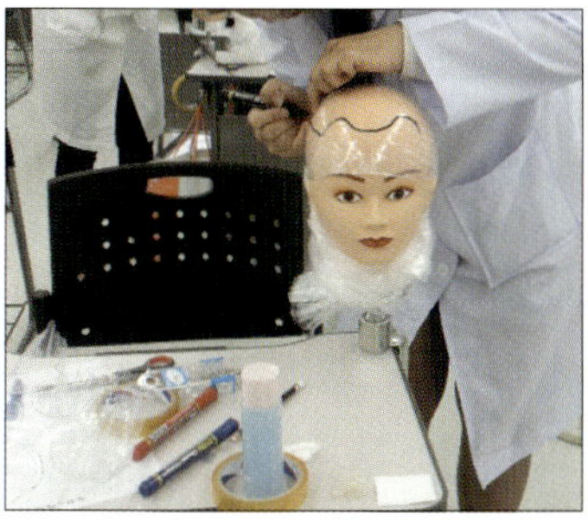

좌.우 포인터를 그려준다

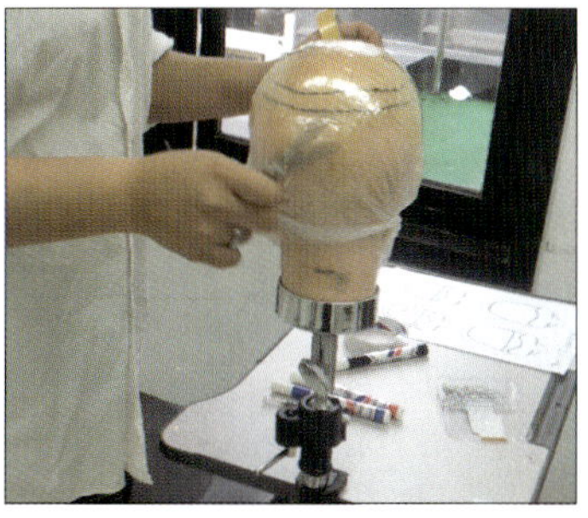

테이프 작업 한다

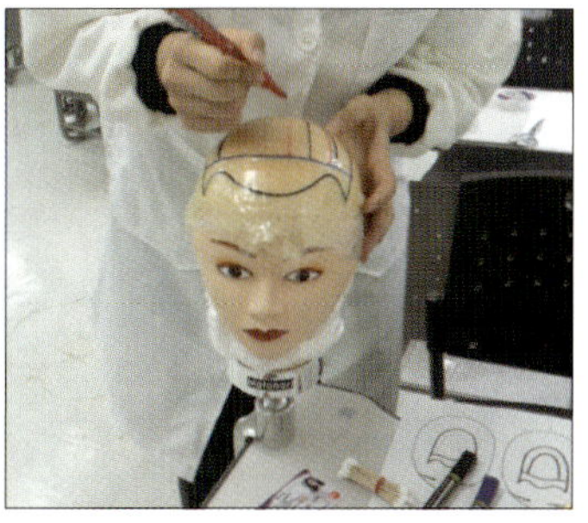

가르마 포인터 선정 한다

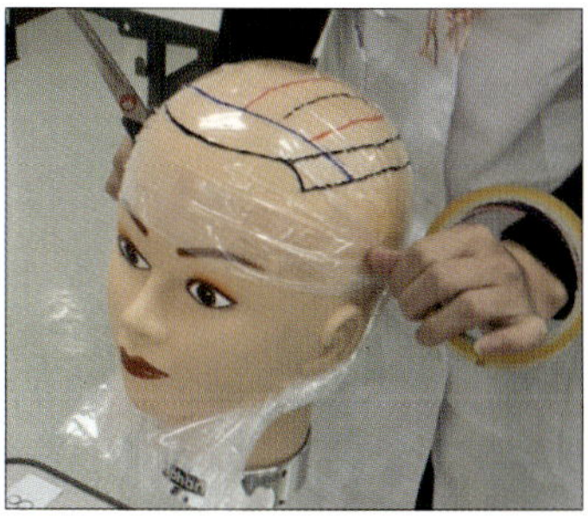

테이프 빈복 작업 과정

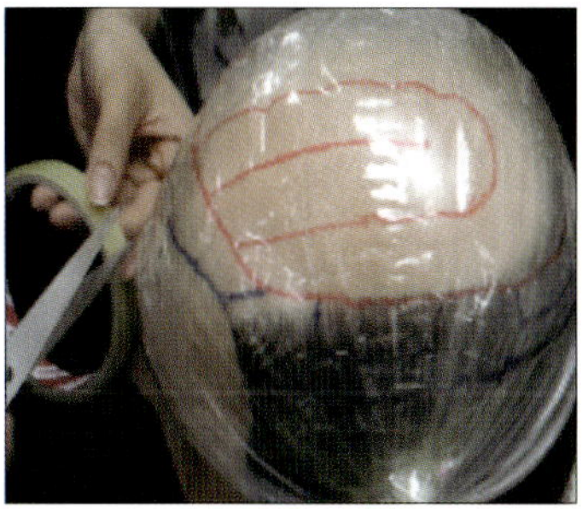

테이프 반복 작업 과정

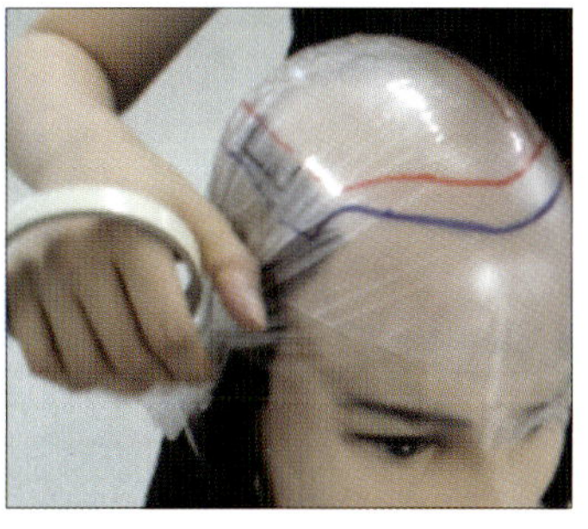

데이프 반복 작업 완성

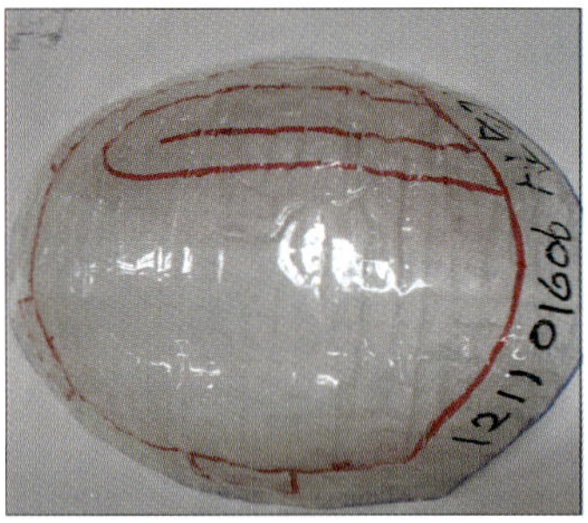

스킨몰드제작 완성

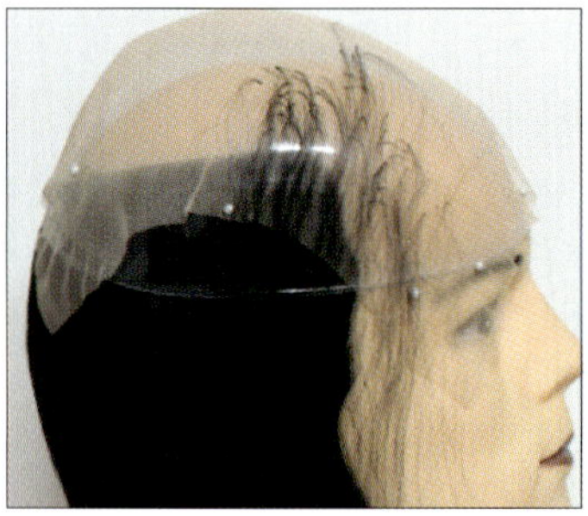

망 위에 수제 과정

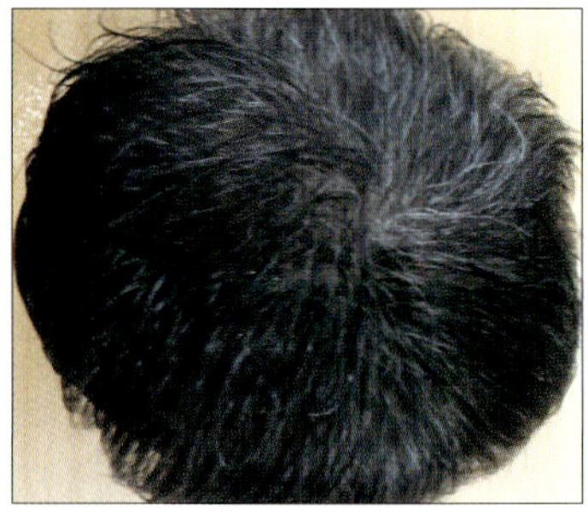

수제 가모 완성

2) 부분 가모 패턴 제작 유형

• 그림 5-2 •

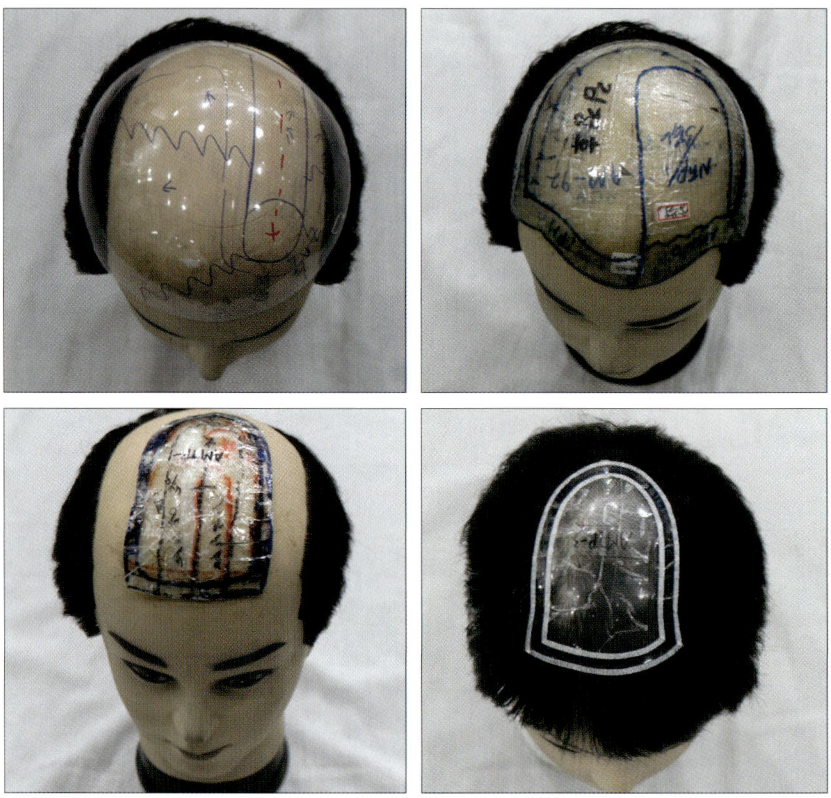

예) 탈모진행과정에 따라 패턴 모양은 여러 모양으로 다르게 나타 난다

(1) 투명 비닐 랩을 탈모 부위에 밀착 고정시킨다.

(2) 투명 테이프를 이용하여 앞부분부터 가로로 고정된 부분부터 부착 시킨다.

(3) 다시 왼쪽에서 오른쪽으로 세로로 테이프를 부착 시킨다.

(4) 유성펜을 이용하여 탈모된 부분을 정확하게 정수리부분과 가르마부분을 표시한다.

(5) 앞 이마 탈모의 경우 엄지손가락을 제외한 나머지 손가락을 편 상태에서 눈썹 바로 위에 대고 손 가락 셋에서 네 개의 윗 라인부터 몰드의 앞부분이 시작 된다.

(6) 앞 이마부분이 머리카락이 있을 경우 머리카락 있는 부분부터 시작 한다.

(7) 만들어진 몰드를 벗겨낸후 테두리를 따라 가위로 오려준다.

(8) 몰드가 완성된 후 유성펜으로 정수리 부분 및 가르마선을 정확히 표시해 준다.

3) 전체가모

(1) 투명 비닐랩을 탈모 부위에 밀착 고정시킨다.

(2) 투명 테이프를 이용해 앞부분부터 가로로 고정된 부위를 부착 시킨다.

(3) 다시 세로로 왼쪽에서 오른쪽으로 차례대로 테이프를 부착시킨다.

(4) 그 위에 다시 테이프로 서너번 계속해서 그 위에 차례로 부착시킨다.

(5) 손바닥을 편 상태에서 눈썹 바로 위에 대고 맨 위 손가락 세 개 혹은 네 개의 윗라인 부터 몰드의 앞부분이 시작된다.

(6) 앞 머리카락이 있는 경우 앞 머리카락이 나온 부분부터가 몰드의 시작 된다.

(7) 앞 이마 탈모의 경우 엄지손가락을 제외한 나머지 손가락을 편 상태에서 눈썹 바로 위에 대고 손가락 셋 혹은 네 개의 윗라인 부터 몰드의 앞부분이 시작된다.

(8) 유성펜을 이용하여 정수리부분과 가르마 선을 표시 한다.

(9) 만들어진 몰드를 벗겨낸 후 가위를 이용하여 그려진 테두리선을 따라 가위로 잘라준다.

(10) 몰드가 완성된 후 유성 펜으로 테두리, 정수리부분 및 가르마 선을 정확히 표시해 준다.

4) 수제(넛팅)기법

수제기법은 다양하다. 먼저 망을 선택한후 그곳에 맞추어 수제 작업을 한다.
망은 사각망과 채널망으로 같은 의미이며 과거에 사용 되었던 망이다.
라운드망은 내면수제를 대신하여 망의고리를 이용하여 둘레를 자연스럽게 마무리 해 준다.
육각망은 현재 가장 많이 사용하는 망이며, 스타일이 자연 스러워 탑이나 후두부에 사용 한다 수제기법의 종류를 살펴보면 다음과 같다.

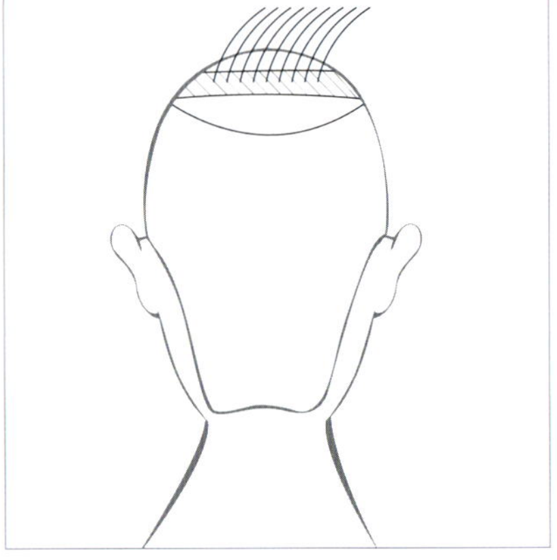

(1) 라인 헤어 시스템(Line hair system)

증모법은 한올 한올 묶어 주는데 비해 라인 헤어법은 한번에 수십가닥을 빠른 시간내에 시술 하므로 순식간에 머리카락을 늘릴 수 있어 일본에서 많이 이용 한다

(2) 메이컬 타입 (Medical tape)

머리숱이 빈약한 사람에게 해당되는 시술 방법이며 의료용양 테이프를 사용해서 시술 하는 방법으로 완전히 탈모가 되었거나 다른 방법으로 시술하기 어려울때 사용 한다

(3) 스킨 본드 시스템 (Skin bond system)

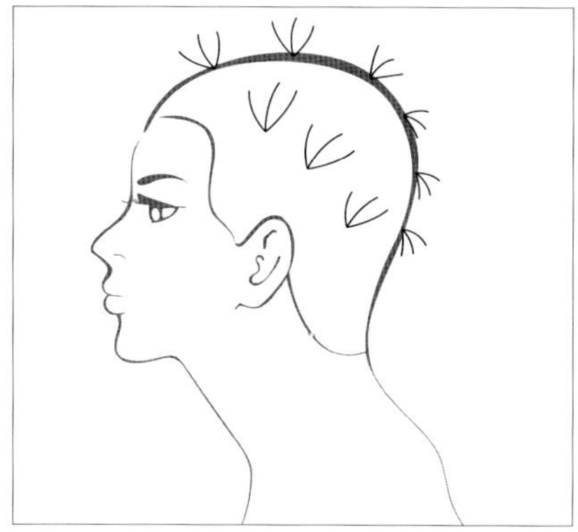

가장 최근에 개발된 시술 방법이며 착용감이 아주 좋고 견고성 또한 뛰어나 격렬한 운동이나 수영장에서도 사용 가능 하다.

(4) 헤어 에디션(Hair addition)

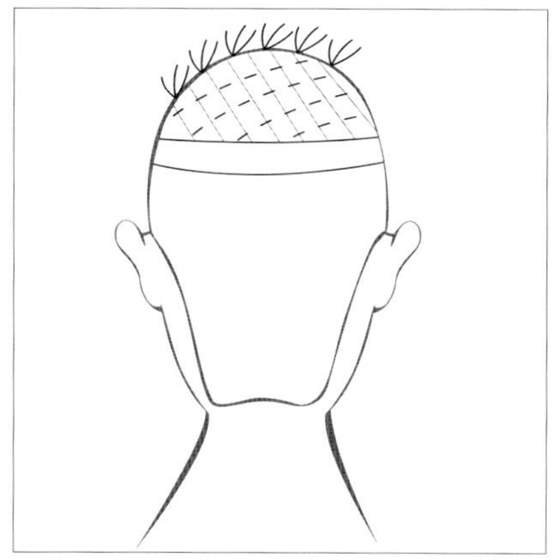

완전 탈모 상태에서 불가능한 방법이다. 탈모진행중이거나 초보 탈모자에게 알맞은 방법으로 건강모에 인조모를 한올씩 엮어 증모시키는 방법으로 아주 자연스럽다

• 그림 5-3 • 패턴제작 완성

테이프 접착식

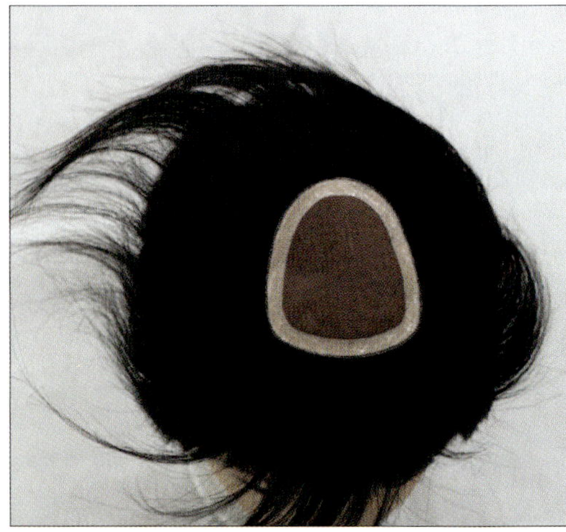

탑 부분 가모

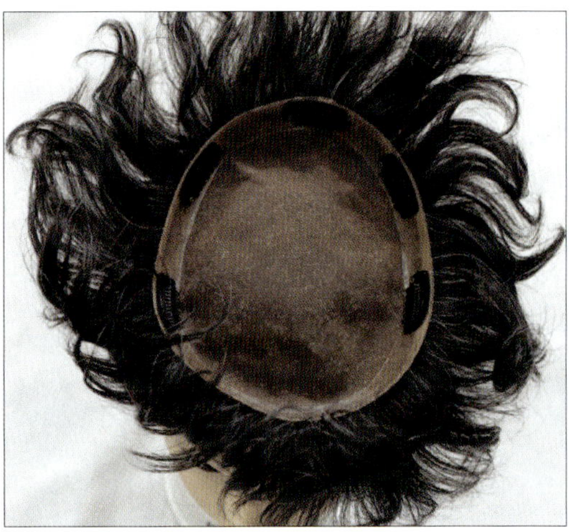

전두부 가모

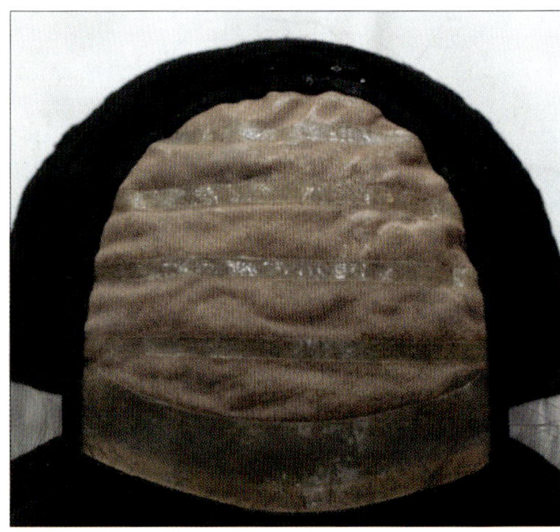

암 환자 가모

• 그림 5-4 • 패턴제작 완성

실크 – 불 파트 3중 망 : 가르마 좌. 우 상관없다.

• 그림 5-5 • 패턴제작 완성

미싱 기계제작 합성 가모

II

패턴 과정 및 부분방식에 따른 종류

01 가모의 종류

1) 탈모용 가모

(1) 전두용 가모(Wig)

전두용 가모는 암 치료 환자나, 전체적으로 숱이 적은 고객이나 다발성 탈모나 흰머리로 인해서 착용하 후로 여성 탈모고객들이 선호 하는 가모이다.

(2) 탈모용 부분가모(Toupee or top piece)

탈모용 부분가모는 남성 탈모나 여성탈모 고객이 이용하며 여성 탈모고객이 많이 증가하는 추세이다.

탈모용 고객은 패션용 가모 고객과는 달리 가모 착용시 가모 표시가 나지 않아야 되며 완벽한 자신의 모발처럼 자연스럽게 보이기를 원하며 착용시간이 긴 만큼 가벼워야 하며 불편함이 없어야 한다.

(3) 탈모용 가모의 증모법

탈모초기에는 헤어 에디션 기법을 사용하기도 하는데 두발의 구성원리에 기초를 두어 자신의 모발에 증모 하고자 하는 곳에 자신의 모발 1~2가닥에 증모용 모발 4~5가닥을 증모용 바늘로 매듭을 이용하여 증모시키는 방법이다. 단점은 주기적 작업을 해야 하는 관계로 비용과 시간이 많이 소비된다. 가모착용은 아니며 인조모나 인모 원사로서 작업을 하게 된다. 가모을 착용하기 전에 탈모의 진행이 많이 되지 않고 머리숱이 적은 고객이 하는 증모법이다.

2) 탈모용 가모의 종류

(1) 부착식 가모

부착식 가모는 탈모 부위만큼 면도한 뒤 가모의 앞부분을 제외한 테두리 부분을 인체용 접착제를 이용해 두피에 부착하여, 앞부분은 테잎을 이용해 부착하는 방식의 가모법 이다. 부착식 가모는 탈모 부분만 캡을 두피에 부착하므로 네트는 작아지며 가볍다. 장점은 가모를 착용하고도 수영이나 심한 운동을 할 수 있고 일상생활이 자유롭다. 단점은 한달에 한번 정도 전문 가모 아티스트로부터 재 부착을 하여야 한다.

하지만 남성은 한달에 한 번 이발을 하므로 큰 문제는 없지만, 피부가 민감하거나 알레르기가 있는 남성은 착용하지 않는 것이 좋다.

(2) 위빙형(weaving) 부착가모와 마이크로 포인트

위빙을 이용한 접착식 가모를 고객에 따라서 탈모부위를 면도 할 수도 있고 자신의 모발은 그대로 보존하면서 가모의 네트와 자신의 건강모 와 연결해 꿰매는 방법이다. 한번 부착하면 한 달 정도 연속적으로 착용할 수 있으며 여성탈모에 많이 사용하기도 하며 지루성 탈모 고객이 접착식 가모를 원하지 않을 때 사용하기도 한다.

(3) 탈착식 가모

탈착식 가모는 특수 고정핀을 이용해 부착하는 방식의 가모로 뒷머리와 옆머리를 기존의 머리카락에 있는 부위에 클립을 이용해 고정시키고 가모의 앞부분은 테이프를 이용해 부착한다. 탈착식 가모는 가모가 필요할 때 착용하고 샤워할 때나 수면을 취할 때에는 벗고 지낼 수 있어 가모의 수명이 긴 장점이 있고 위생적이며 자신의 모발은 면도할 필요가 없으며 가격도 다른 형태의 가모보다 저렴하다.

대체로 탈모가 진행중에 있는 상태에서 착용하는 가모이며 사용하기 쉽고 간편하여 자신 스스로가 할 수 있는 장점이 있다.

(4) 탈부착식 가모

부착식 가모와 탈착식 가모의 중간형태로서 부착식 가모의 단점과 탈착식의 가모의 단점을 보완한 탈부착식 가모이다.탈모부위를 면도한 뒤 두피에 부분적으로 부착식으로 고정시킨 뒤 가모는 필요에 따라 착용을 하고 수면을 취할 때나 샤워를 할 때는 벗을 수도 있어, 수영이나 심한 운동도 할 수 있으며 일상생활이 자유롭다. 가모의 수명도 부착식 가모 보다 길며 착용시간이 빠르다. 보통 가모의 수명은 부착식 가모일 경우 약 1~2년 정도이며 탈착식 가모는 약 2~3년 정도이며 탈착식 가모와 탈부착식 가모는 약 2~3년 정도이다.

(5) 테이프용 부착 가모

탈모 후기에 많이 사용하는 가모이며 클립 사용이 불편한 고객이 많이 사용하며 접착테이프를 붙이기도 하고 탈모 부위만 붙이므로 네트가 작고 가볍다. 탈모부위를 면도한 뒤 두피를 깨끗하게 닦아낸 다음 품질이 좋고 부착력이 뛰어난 인체용 접착테이프를 가모 테두리 부분에 양면테이프를 붙여서 자신의 두피에 접착시킨다. 피부에 염증도 일으키지 않고 밀착이 좋아서 감쪽같이다. 가모의 경계선으로 손으로 만져도 거의 느껴지지 않을 정도이다. 빠른 시간에 착용 할 수 있으며 착용감이 뛰어난 장점이 있다.

단점은 테이프를 1~2일마다 교체 해야하는 번거로움이 있고, 지루성 탈모나 격렬한 운동을 하는 고객은 적합하지 않다.

(6) 암 환자의 가모

암 환자들에 이어서 가모은 단순한 패션의 목적이 아니라 심리적으로 많은 영향을 끼치게 되며, 항암치료가 끝나고 자신의 건강한 모발로 헤어스타일 연출하기까지 최소한 1~2년은 착용하여야 한다. 민머리 상태에서 가모이 밀리지 말아야 하며, 가모착용이 간편하여야 되며 이물감이 없어야 하고 관리와 편리성, 그리고 자신의 얼굴형에 맞는 것을 선택하여야 한다 또한 암 환자용 가모은 기능성 가모 이여야 하며 치료가 끝나고 난후 자신의 모발이 자라도 패션의 목적으로 사용이 가능하다.

(7) 실크부착형 가모

본인의 머리를 밀지 않고 그대로 부착하며 샤워 · 운동 · 잠잘때 등 일상생활이 자유롭다.

(8) 특수부착형 가모

약품이나 매듭을 전혀 사용하지 않고 올인기법으로 부착하여 오랜시간 물속이나 습기가 많은 곳에서도 착용이 뛰어나며 피부 알레르기 및 약품 반응에 민감한 사람이 사용하기에 적합하다.

(9) 반영구 부착형 가모

양면 테이프처럼 끈끈이도 없고 클립사용도 필요없으며 미국에서 가장 많이 사용하는 기법으로 인공두피에 접착물질을 코팅한 기법으로 본인이 부착과 탈착이 자유로우며 기존에 사용하던 가모도 접착물질 코팅을 1회 코팅시 200회 정도 탈부착 할 수 있어 격한 운동시에도 착용이 가능하다.

3) 패션용 가모

패션 가모는 멋을 내기 위해서나 변신을 하기 위해서 주로 사용하는 가모이다. 헤어스타일의 모장에 관련된 변신은 가모보다 더 이상의 좋은 재료는 없을 것이다. 짧은 시간에 다양한 이미지를 연출 할 수 있으며 자기의 개성을 표현할 수 있는 장점이 있다. 탈모 고객 중에는 탈모용 가모에서 모발의 재생과 함께 패션가모로 바꾸어 자신만의 스타일을 표현하는 고객도 있고 암 환자의 경우에도 맞춤용 가모 대신 패션 가모 중 전체 가모를 선택하여 착용하는 경우도 있다.

가모는 헤어스타일에 풍부한 변화를 줄 수 있고 모임의 성격이나 의상에 따라 다양한 변화를 시도할 수 있다.

우리나라에는 1996년에 패션 가모가 가모 시장을 점유해 왔다고 볼 수 있다. 몇 개의 가모을 가지고 자신의 의상이나 모임의 성격에 따라 확실한 코디네이션의 역할을 맡았었다.

지금도 가모가 연예인들에게는 필수품으로 되어지고 있고 일부층에서도 꾸준히 사랑을 받고 있다. 그것은 자신을 변신시킬 수 있는 이유 중에 가장 큰 역할을 할 수 있기 때문이다. 이제 가모는 코디네이션을 위한 가장 필요한 품목이라고 할 수 있다.

패션용 가모는 전체가모, 반가모, 달비, 액세서리용 가모이 있으며 그 위에도 연극용 가모, 마네킹 가모, 코스프레용 가모 등이 있다.

패션용 가모의 종류는 다음과 같다.

(1) 부분 가모 (2) 전체 가모

(3) 반 가모 (4) 프린지 가모

(5) 액세서리용 가모 (6) 연극용 가모

(7) 코스프레용 가모 (8) 마네킹 가모

02 탈모 유형의 전 · 후 모습

가모 패션은 종합예술의 3차원의 디자인 예술이기도 하며, 가모 헤어스타일링으로 인하여 외모를 아름답게도 만들고 젊고 활기차게도 만들어 주는 것이며, 또한 단순한 변신이 아니라 사람의 성향에 따라 심리적인 위안과 자신감을 갖게 하므로 삶의 질을 높이는 원인이 되기도 한다.

• 그림 5-6 • 탈모 유형의 전 · 후 모습

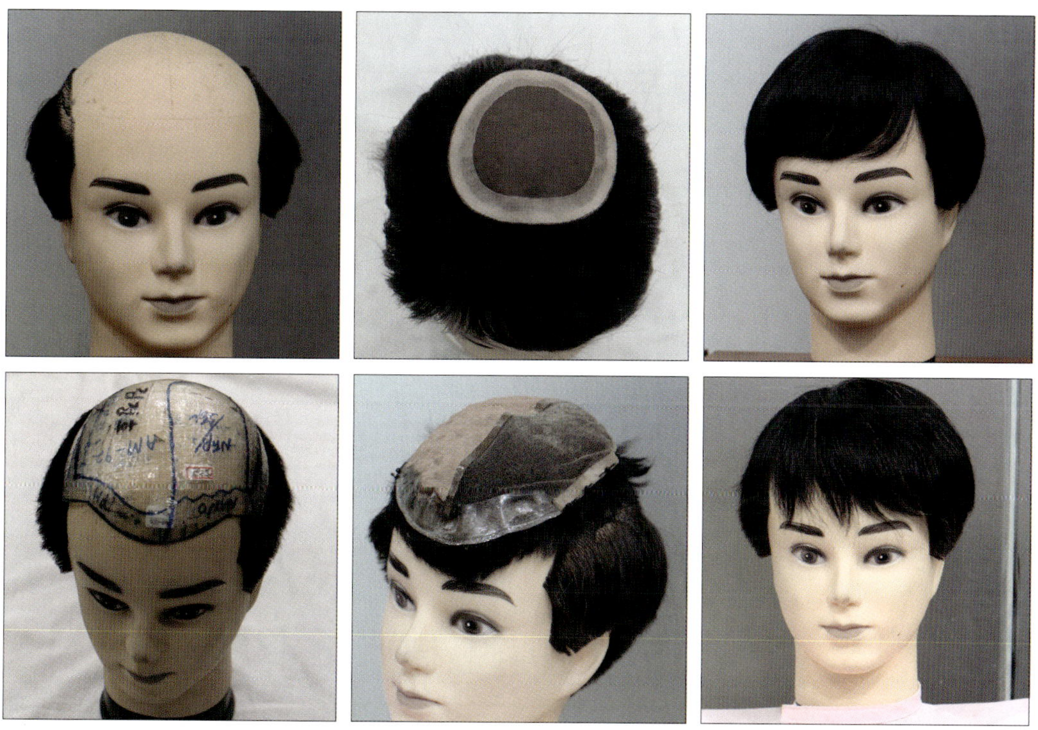

착용전 가모 착용후

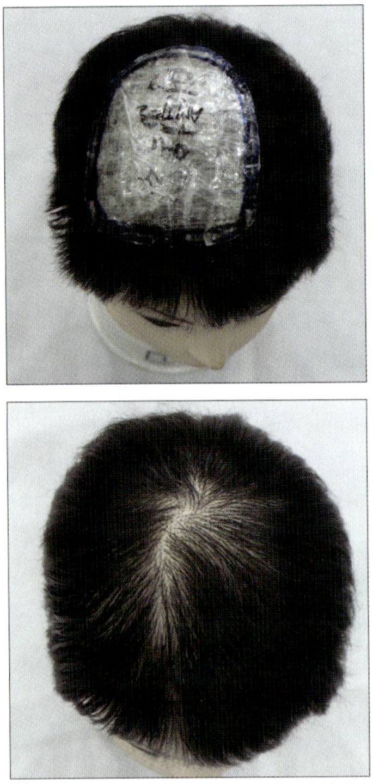

착용전

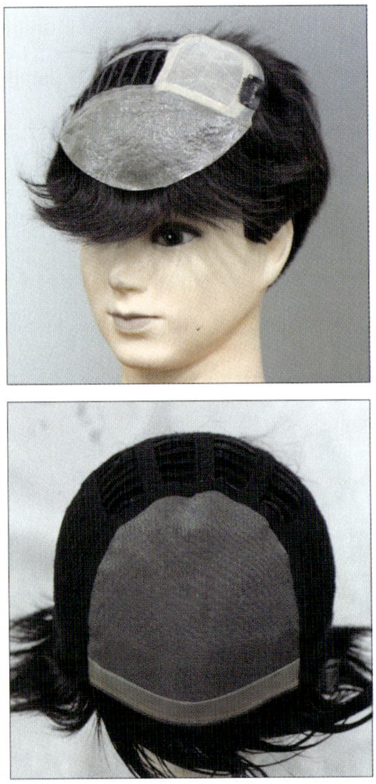

가모

착용후

1)자연스러운 가모 맞춤방법

(1) 가모의 모질

자신의 모발과 같은 모질을 선택하여야 하는 것이 중요하며 부더러움, 색상, 질감 등은 본인의 모발에 가장 가까운 것으로 만드는 것이 중요하다.

(2) 밸런스

모량 주위의 머리카락과 맞추는 것이 중요하며 나이에 따라, 부위에 따라, 충분한 상담이 이루어 졌을때 제작하는 것이 좋다.

(3) 스타일

모발의 방향이나 웨이브 상태, 가르마 등 자신의 얼굴형에 맞게 제작하는 것이 가장 자연스러우며 부분별로 싱글, 반싱글, 더블, 반 더블 등으로 기술을 구사하여 제작 하는 것이 가장 중요하다.

03 가모선택의 중요성

1) 환기성

가모의 착용방법에 따라 자연스러움이 요구되는 것은 본인의 모발 색상이나 흰머리카락 및 모질등을 충분히 고려하여 본인의 특성에 맞추어 탈모 부분에 따라 모량을 조절하는 것이 가장 자연스러운 가모이다.

2) 가벼움

가모의 크기에 따라 무게감이 달라지지만 가장 가벼운 소재를 사용하여 착용감을 느끼지 못할 정도로 불편함이 없어야 한다.

3) 편리한 관리

외출 전,후의 손질법으로 간편하고 손쉽게 관리 할 수 있어야 되며 본인의 스타일에 연출 할 수 있는 가모가 가장 좋은 제품이다.

III

가모 제작 과정

근래의 가모는 착용감이 뛰어나고 밀착감이 아주 좋아 거의 표시도 없고 무게감도 없어 수영이나 스포츠 활동 뿐만 아니라 수면시에도 착용 할 수 있을 만큼 품질 향상이 뛰어난다.

• 그림 5-7 •

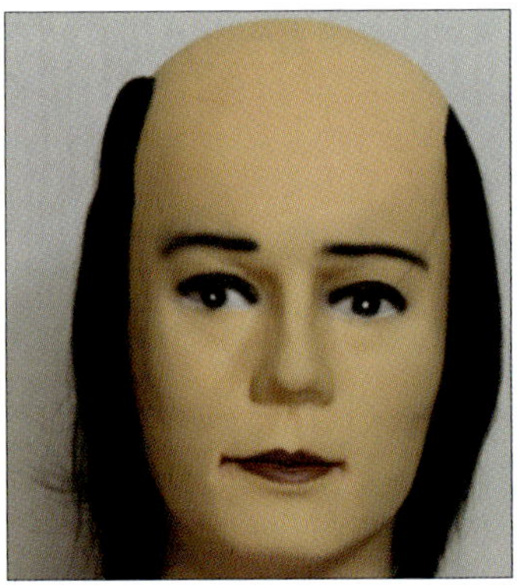

탈모진행 형태

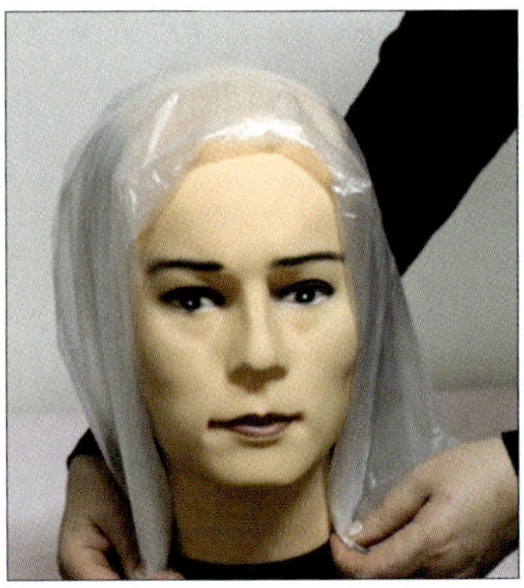

비닐패턴 과정

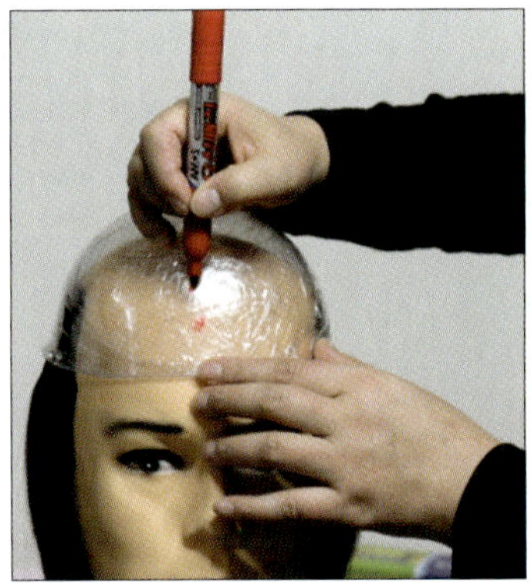

포인트 설정

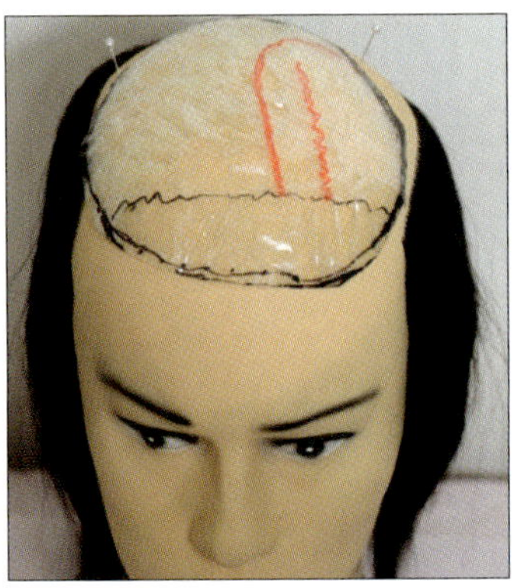

패턴 완성

스킨 모형 선택

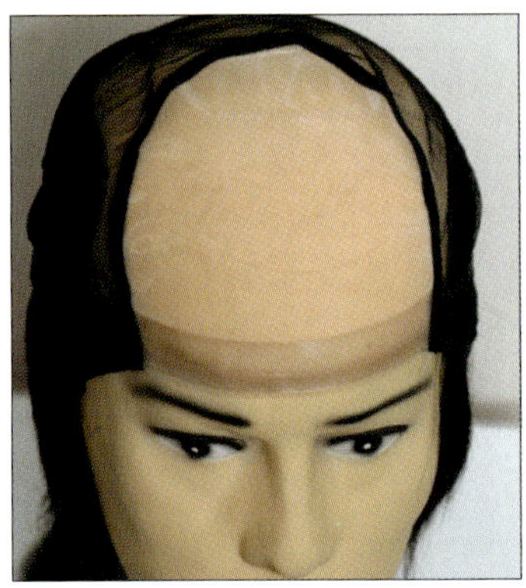

망 형태 Fine Mesh 선정

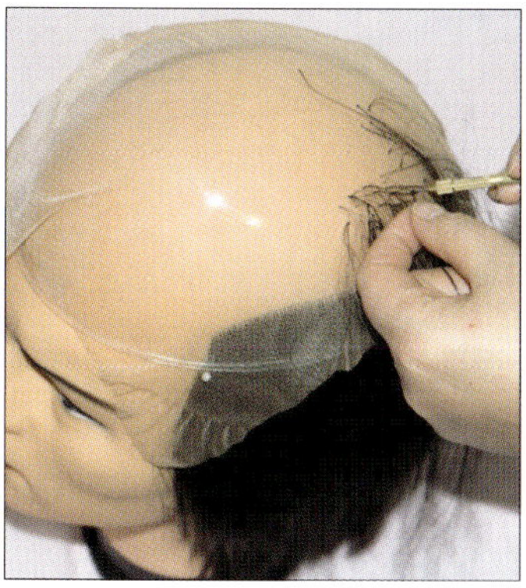
가모 심기

클립 달기

완성

가모란 숱이 없는 사람들을 위한 머리숱을 증강시켜 내머리처럼 자연스럽게 감고 드라이 할 수 있는 이음방법으로 부착형의 단순 표준적인 아름다움을 연출하는것 뿐만 아니라 헤어패션의 이미지를 다영하게 표현할 수 있다.

참고) 탈모의 유형은 각각의 사람에 따라 차이가 있으므로 스킨의 종류나 망의 종류는 달라 질수 있다.

체질에 맞는 가모 10가지 특징	
탈모가 된 사람들은 대부분을 다음과 같은 특징을 가지고 있으므로 체질에 맞게 특수 제작하여야 한다	
첫째	땀이 많은 사람
둘째	머리에 열이 많은 사람
셋째	땀을 흘리지 않는 사람
넷째	두피가 약한 사람
다섯째	두피에 비듬이 많은 사람
여섯째	두피가 가려운사람
일곱째	두피가 예민한 사람
여덟째	두피에 염증을 자주 동반하는 사람
아홉째	약물에 의한 탈모를 동반하는 사람
열번째	다이어트로 인한 탈모를 일으키는 사람

과제 1 스킨몰드제작 방법에 대하여 조사하고 제작해 보자

과제 2 가모제작 과정에 대하여 자세히 토론하고 제작해 보자

IV
현장 실무 과정

• 그림 5-8 •

정모 ; 원사를 정리하는 작업

쌍침 ; 미싱 바늘이 2개씩 장착 된 미싱,
3개1조. 고도의 기술(미노작업)

컬 감는 과정

수제 스킨 작업

고침 : 가모 위에 올려 놓고 미싱작업

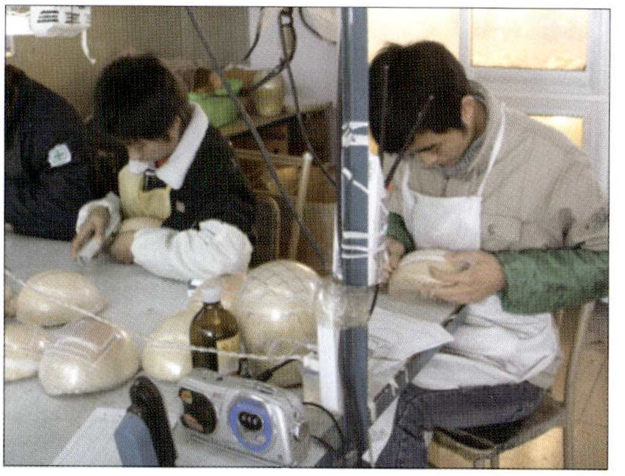

코팅 작업: 남자 가모 캡을 만들기 위한몰딩

코팅 박스

캡 만드는 미싱

현장 실무과정

완성 과정

수업 실무과정

수업 실무과정

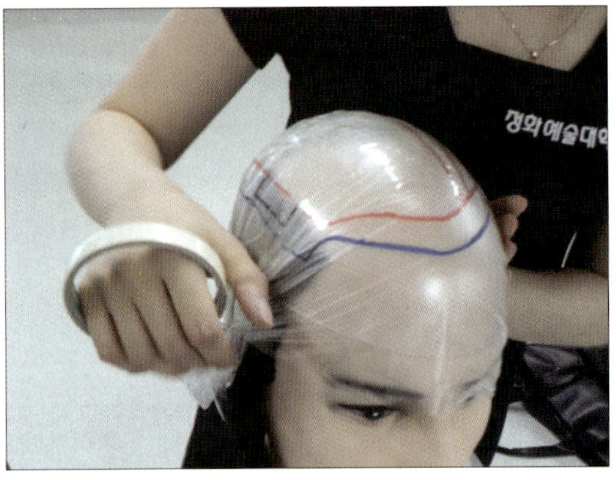

패턴실무과정

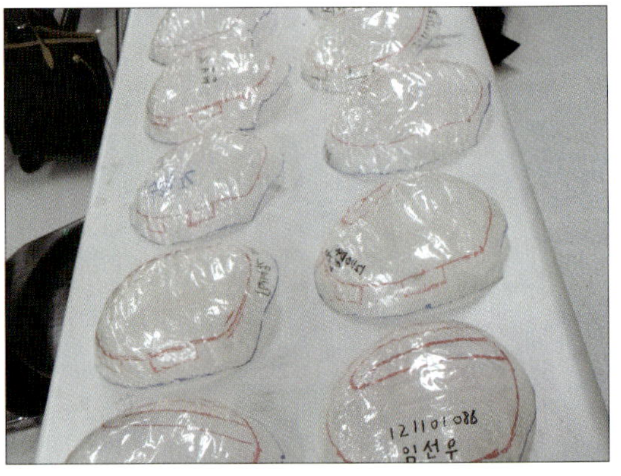

패턴제작완성

과제1 현장실무에 대하여 조별로 토론해보자

V 가모 커트의 실제

01 THINNING의 목적 및 가모 cut 방법

인간의 머리카락은 선천적으로 THINNING이 되어 있는 것이나 다름없다.

10만개이상의 머리카락의 생성과 탈모의 시기가 각각 다르기 때문에 정발을 하여도 이미 그 길이 이하의 머리는 THINNING이 되어 있고 같은 길이로 자랐다 하더라도 일주일 후면 자라는 속도가 다르므로 정발은 고르게 되어지지 않는다. 따라서 가모 THINNING의 목적은 STYLE을 자연스럽게 하고 사람의 모발에 가깝게 보이게 하므로써 모량을 줄여 가볍게 하기 위함이다.

02 THINNING의 실제

THINNING은 머리의 길이는 그대로 두고 머리의 양을 감소하는 방법이다. 가모 THINNING에서는 단순히 머리의 양만을 감소시키는 것이 아니라 머리를 사람의 모발에 비슷하게, 머리카락의 바깥부분을 정교하게 모아주듯 다듬을 필요가 있다.

머리의 끝을 점차 가늘게 하여 붓끝 모양으로 만드는 것을 TAPERING이라고 하는데, 가모 THINNING은 이 TAPERING을 동반하여야 비로소 사람의 모발에 가깝게 자연스러움을 연출할 수가 있는 것이다.

03 커트 테크닉 도해도

• 그림 5-9 •

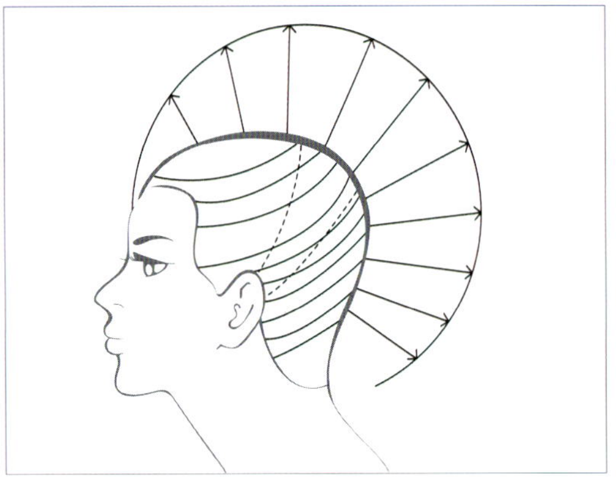

시술각 90도 on Base

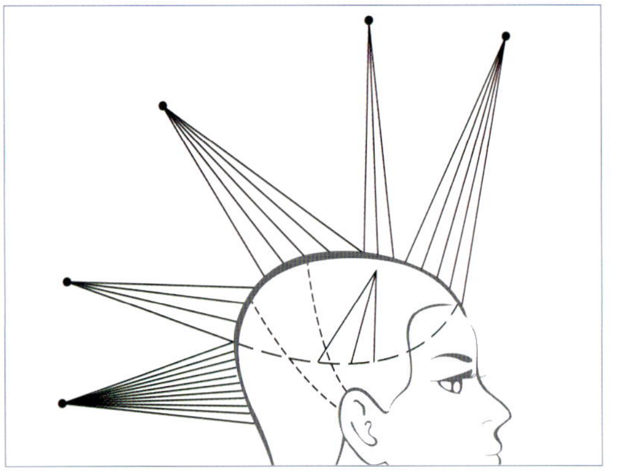

기본적 쉐이핑

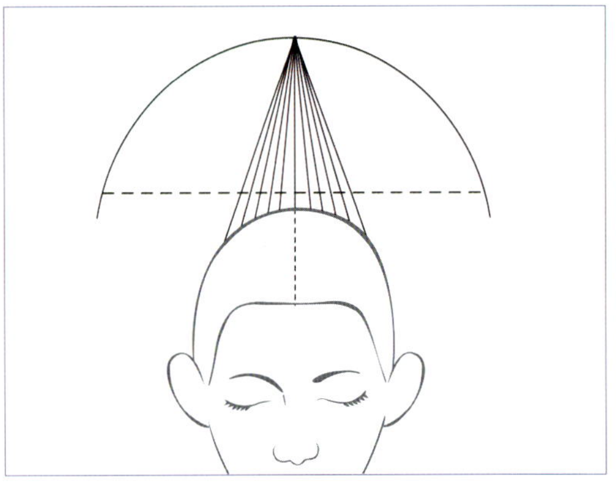

자연 시술각

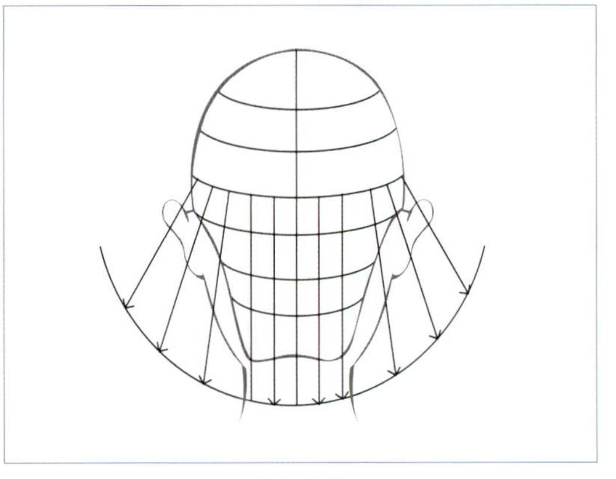

접점 베이스

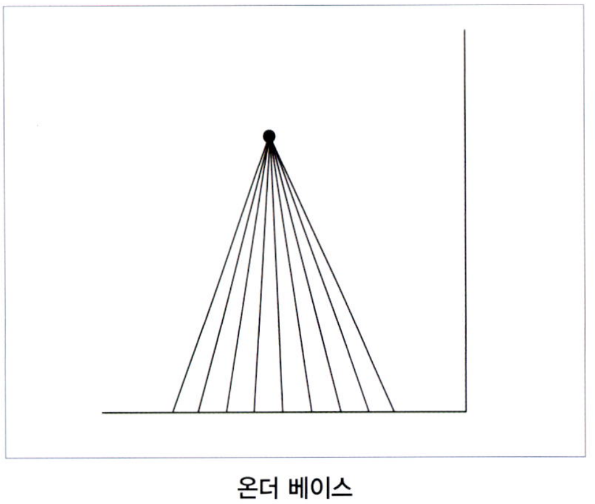

온더 베이스

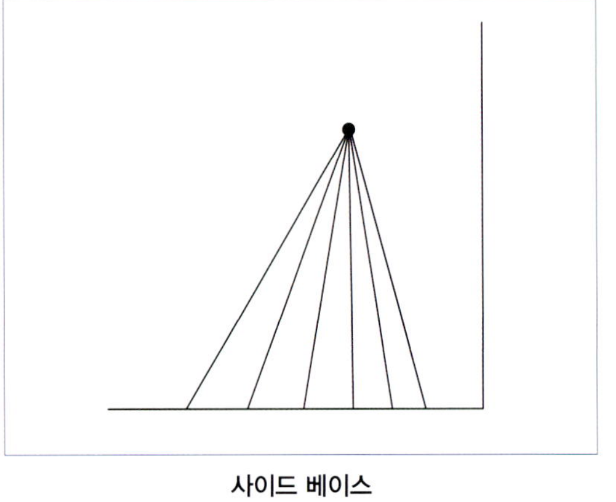

사이드 베이스

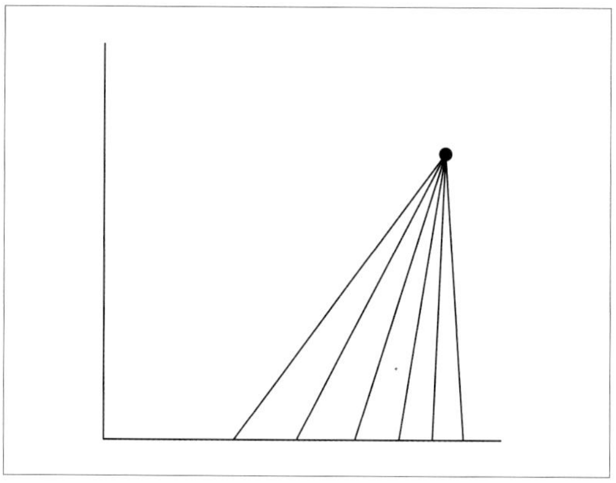

프리베이

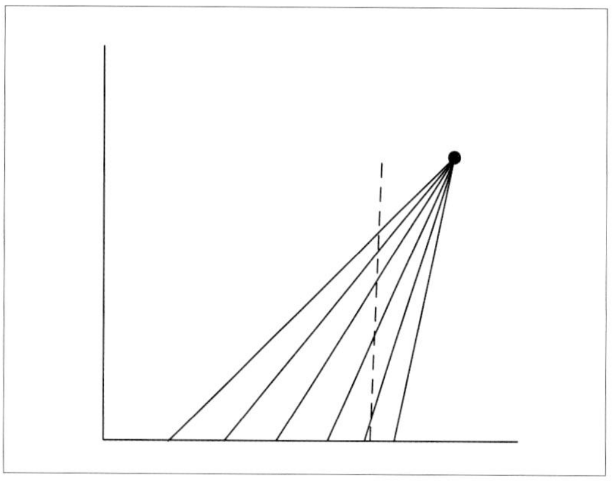

오프베이스

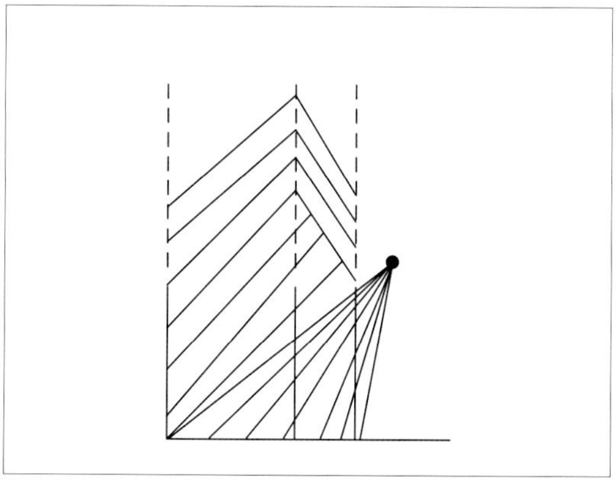

트위스트베이스

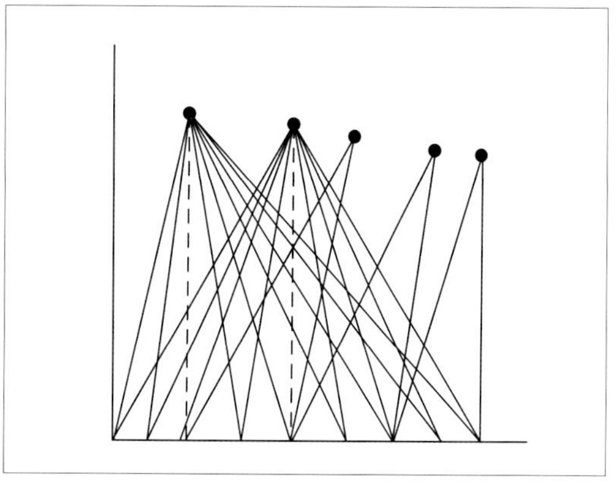

프리베이스

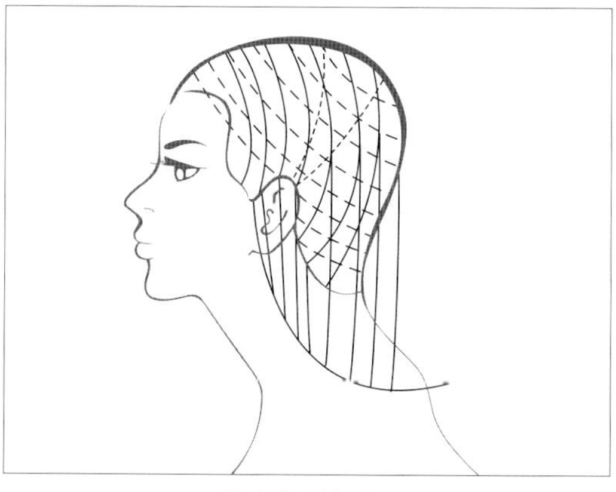

후대각 좌측 라인

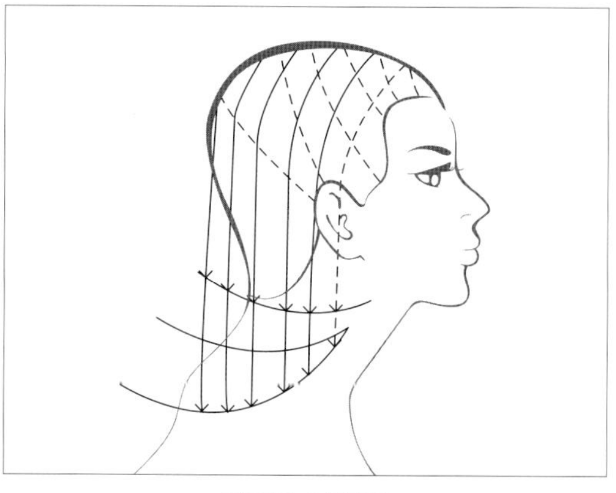

후대각 우측라인

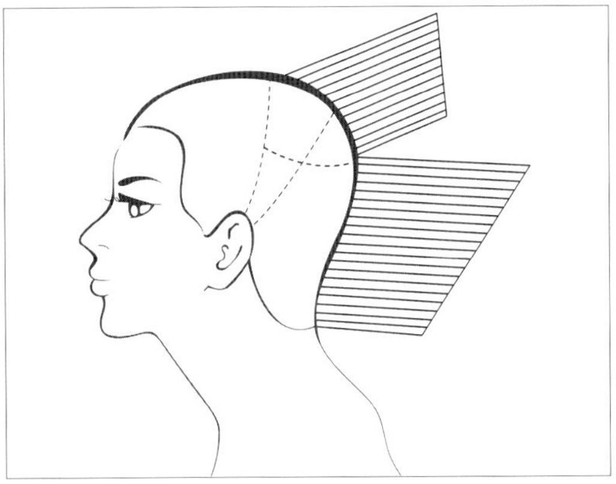

스텝 레이어(이중 그라데이션)

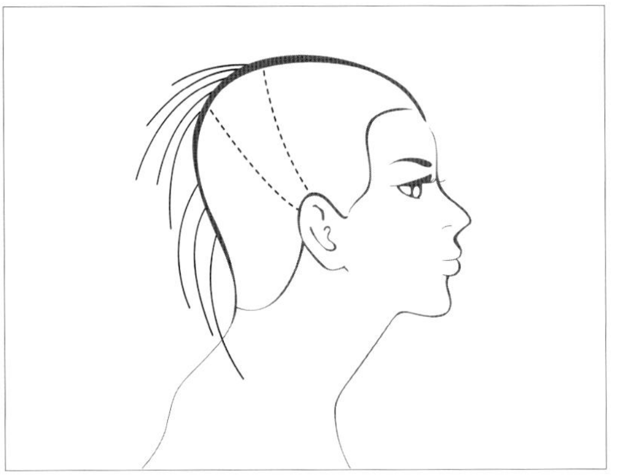

탑과 레이어부분 2중 단차

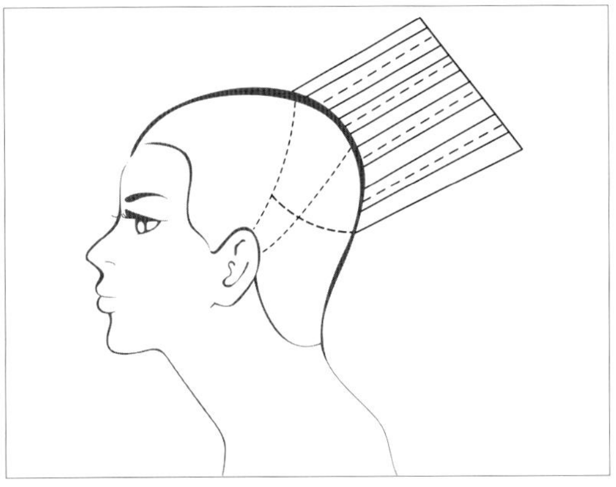

레이어 컷 : 들어 올렸을때 90˚

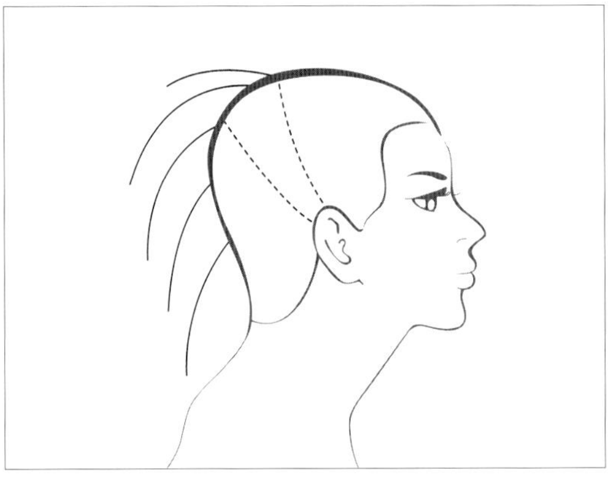

단차가 크다

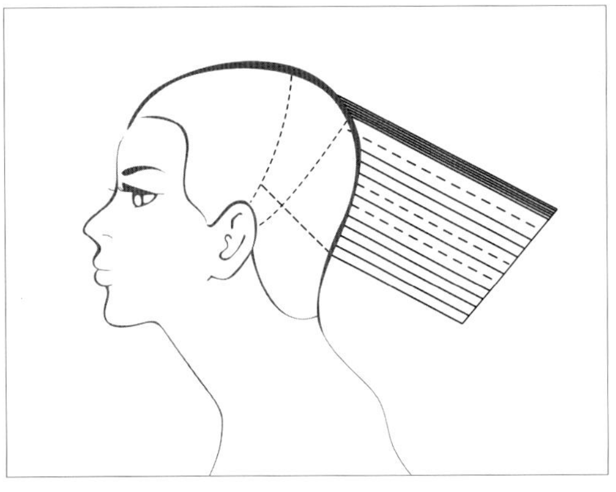

그랴쥬에이션 : 낮게 올렸을때 45˚

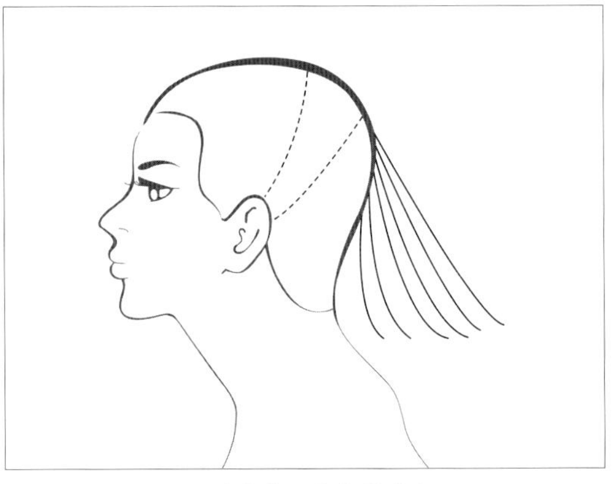

끝자락에 무게감 생긴다

• 그림 5–10 • 두상의 기본적인 쉐이핑

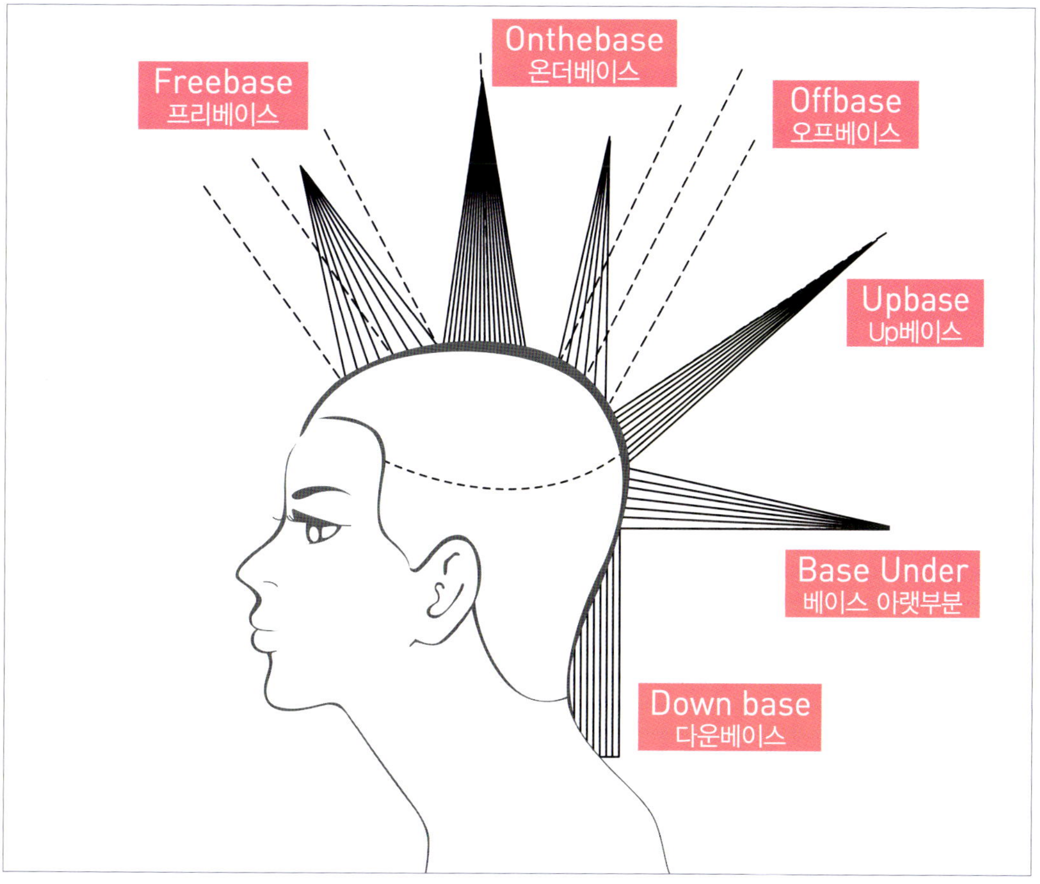

사이드 베이스

U자형

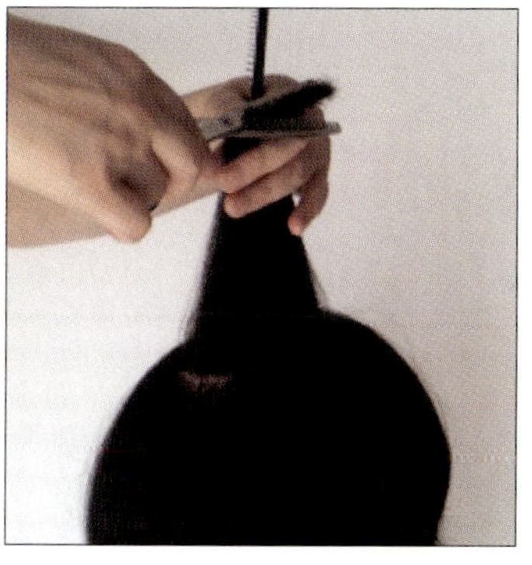

온더베이스

04 가위(scIssors)잡는법

1) 가위의 개폐동작

커트할 때에는 머리카락이 상하지 않도록 하고 커트라인이 선명하게 연출되도록 하기 위해서는 가위의 동도(엄지쪽 가위날)만을 움직이는 동작이 필요하다.

(1) 동도(動刀): 먼저 가위은 엄지환에 엄지손가락(손톱의 1/3정도)을 걸피고 자연스럽게 움직이는 것이 중요한 포인트이다. 즉, 엄지 손가락을 살짝 걸치는 것이 가위를 크게 개폐할 수 있고, 가위질도 자연스럽게 할 수 있다.

• 그림 5-11 •

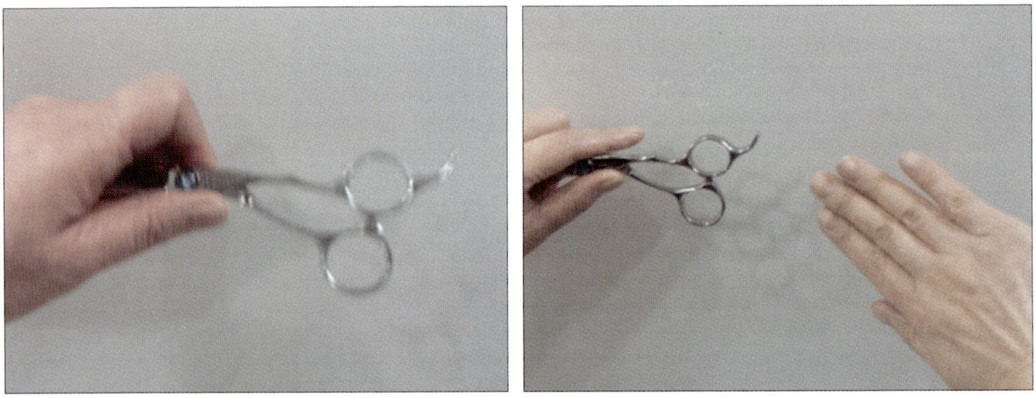

가위허리 부분을 왼손으로 잡는다

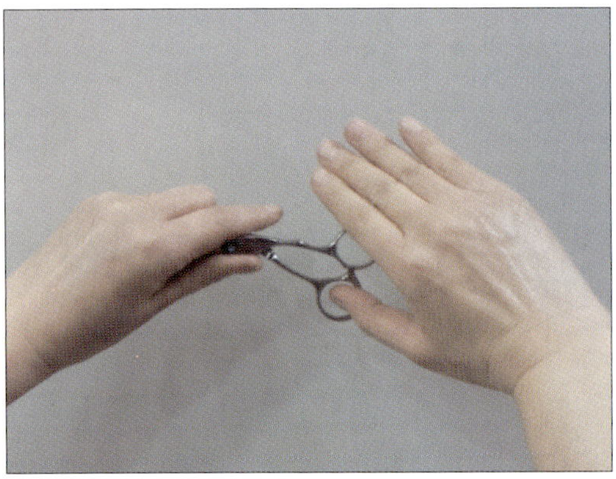

왼손에서 오른손 약지40°로 넣는다

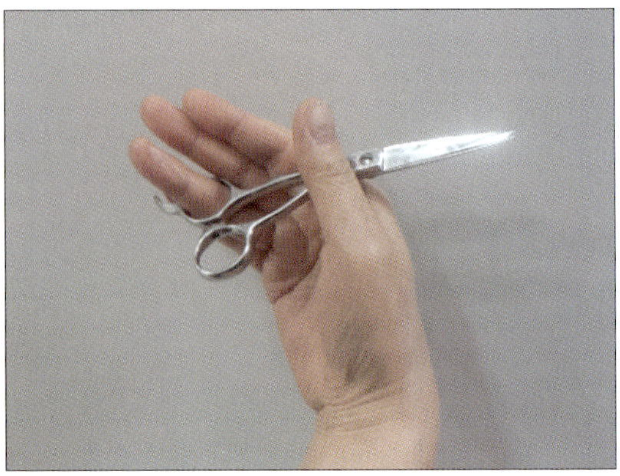

가위끝은45°로 바꾼다

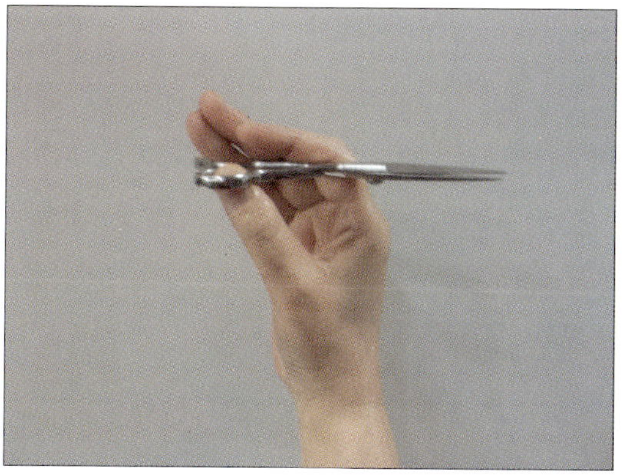

손가락을 벌려서 가위를 일으킨다

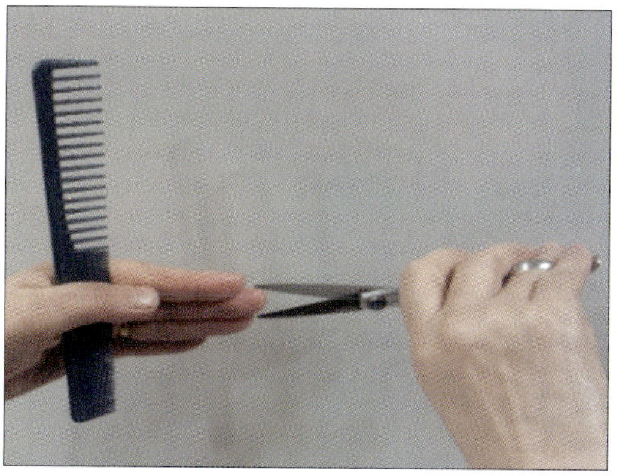

블런트 컷트를 하기위하여 개, 패를 한다

(2) 정도(靜刀) 약지를 제2관절까지 넣고 가위의 피보트 포인트(조이는 부분)을 45도 각도로 잡는 것이 중요한 포인트이다. 즉. 정도는 안정된 위치로 놓는 것이 중요하다. 가위의 개폐는 크게 하고(약 90도)리듬감 있는 스피드로 커트해야 한부분에서 가이드 선을 설정하여 TAPER 하는 – THINNING

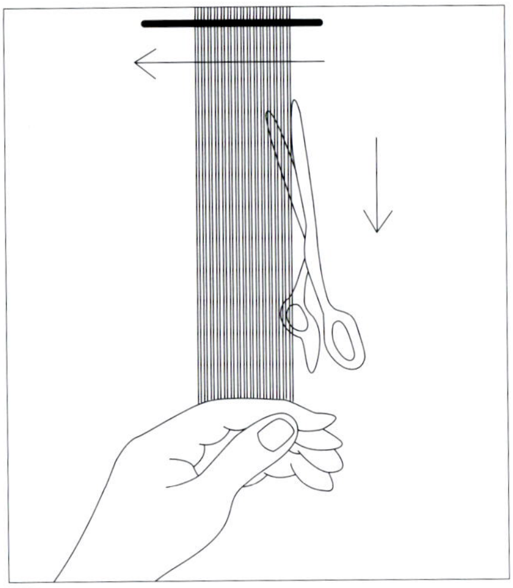

2) 가로 방향(TAPERRING)

머리끝 부분에서 가이드 선을 설정하여 TAPER 하는데 TAPER 된 머리다발은 자연스럽게 떨어지도록 슬며시 놓아둔다. – THINNING 보다 가위의 –각도를 더 많이 주고 모발 끝이 체널(톱니)모양이 되도록 STROKE이 약하고 가볍게 시작하여 강하고 빠르게 마무리 한다. MULTY–CELL THINNING을 하고 그 끝을 위와 같은 방법으로 TAPER하면 더 자연스럽고 가벼운 스타일을 얻어 낼 수 있다.

• 그림 5–12 •

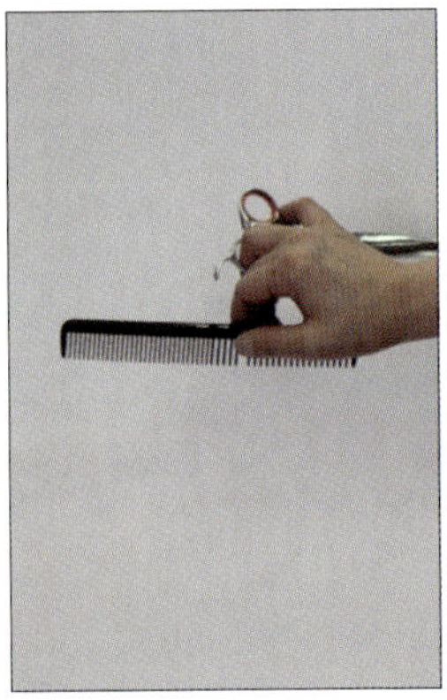

자연스럽게 빗질을 한다

패넬을 잡고
블런트 컷트를 한다

Top 부분을 채널 컷트로
자연스럽게 한다

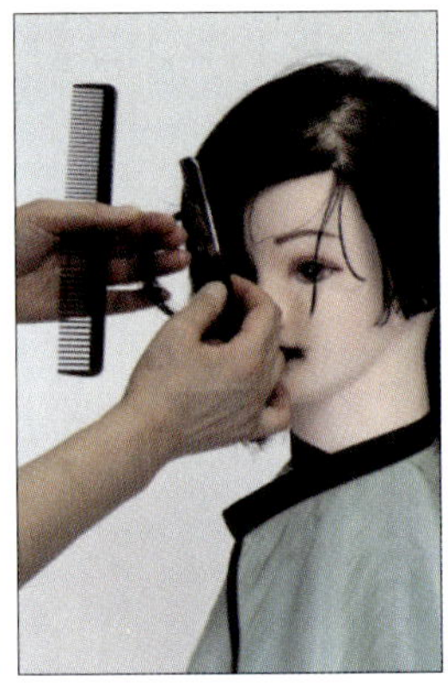

컷트된 모습

트위스트 기법

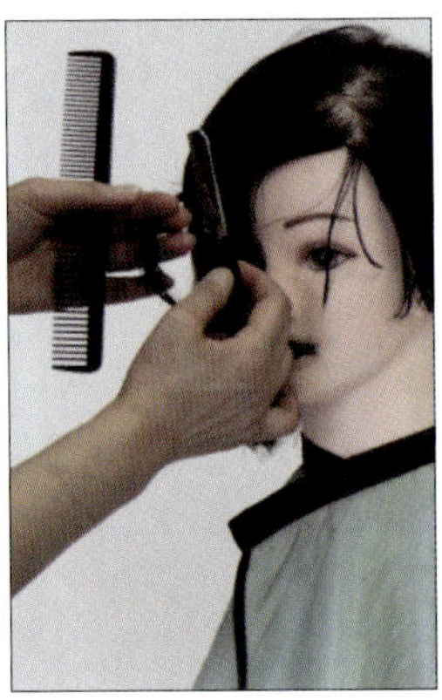

레이저 기법

펜슙 기법

정리된 모습

3) 세로 방향(TAPERING)

머리끝 부분에서 가이드 선을 설정하여 TAPER 하는데 TAPER 된 머리 다발은 위로 들어 올리며 회전시키면서 슬며시 떨어 뜨린다.

다시 시작점에서 멈추고 TAPER가 진행되기 시작 되면서 다시 회전하면서 떨어지기를 반복 한다.

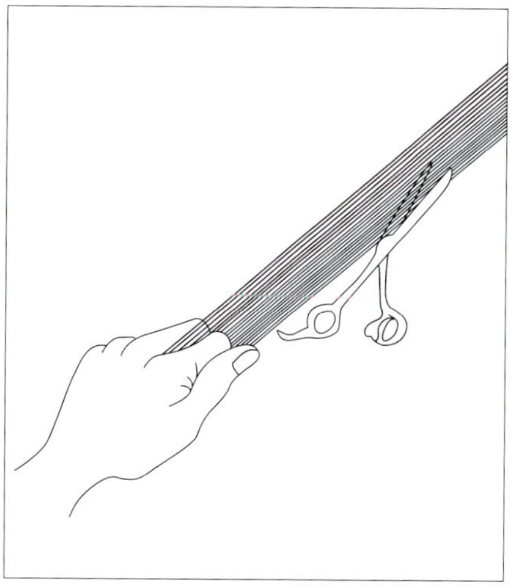

• 그림 5-13 •

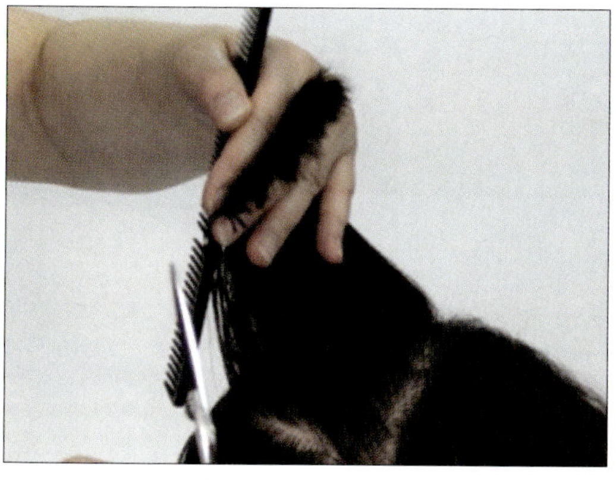

세로 패널로 빗질 한다

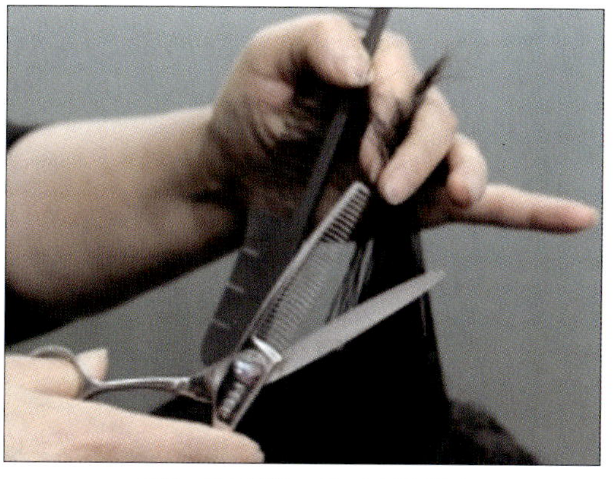

세로 패널 부분 모량 감소를 한다

패널 체킹을 한다

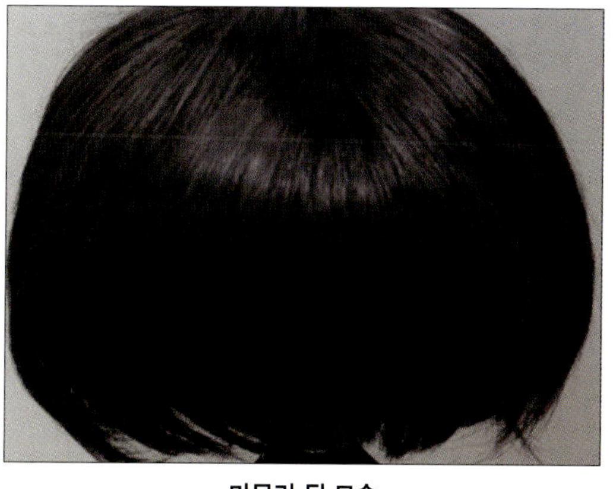

마무리 된 모습

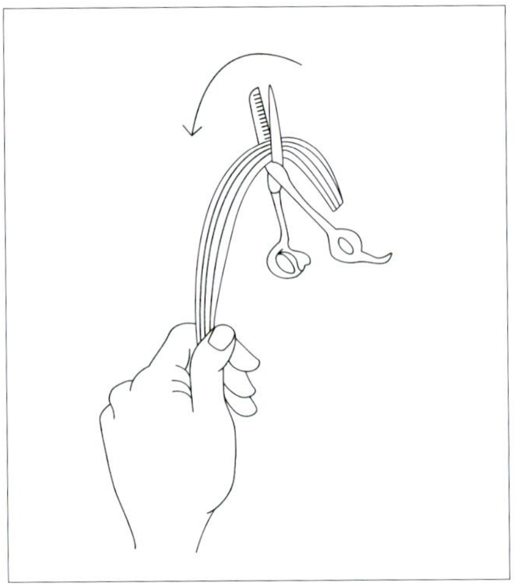

4) 가위를 세워서 돌리며(THINNING)

머리다발의 윗 부분을 THINNING할 때 SECTIOND의 한쪽을 얇게 SLICE하고 싶을 때 가위 자체의 중심을 축으로 하여 돌려가며 STROLE 한다

• 그림 5-14 •

THINNING할 때 모량 감소에 적합하다

틴닝 볼륨컷

트위스트 프론트 뱅 처리

5) 빗을 이용한 THINNING

빗의 빗살 끝부분이 위로 가게 하여 모발을 빗어잡고 THINNING의 시작점에 위치 한다.
가위날을 모발과 수평으로 빗살 부분에 놓고 톱니모양을 빗의 빗살끝부분이 위로 가게 하여 모발을 빗어잡아 아래로 가게 한다.

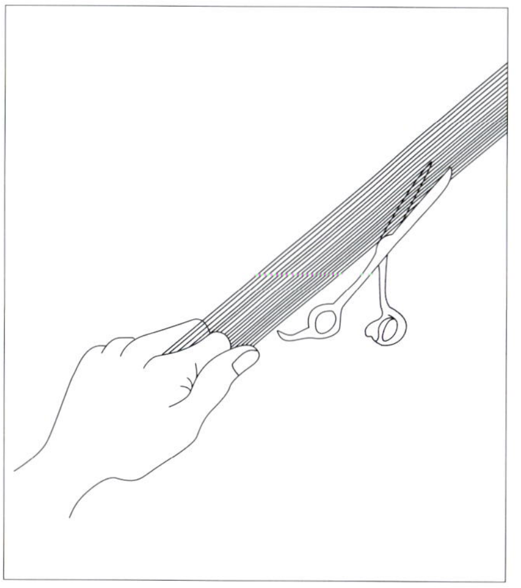

• 그림 5-15 •

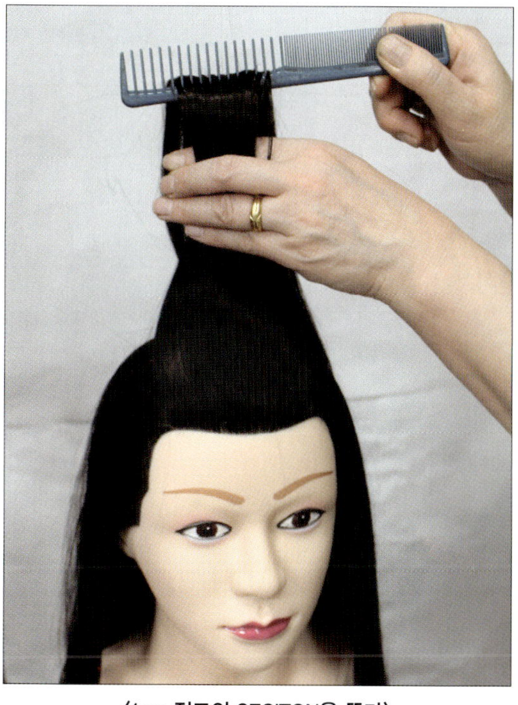

〈1cm 정도의 SECITON을 뜬다〉

〈완성된 모발을 그대로 두고 가위만 옆으로 이용하여 나머지 부분을 THINNING해 나간다〉

6) 레자 잡는 방법

동양인의 모발은 모질이 두껍고 직모이다. 그래서 한국인의 헤어스타일은 딱딱한 블런트(blunt)cut만으로는 어딘지 모르게 딱딱한 감이 있어서 이것을 커버하기 위해 필수적으로 lazor를 사용한다. 보다 부드럽고 자연스러운 모발의 단면을 얻을수 있는 중요한 texture technigue이다.

(1) lazor cut의 특징 은 wet (젖은모발)헤어에 시술 하는 것에 따라 모발의 길이, 양, 머리 흐름에 대한 상태 파악, 상세한 기술이 가능하다.

(2) 모발의 테이퍼 함에 따라 모발이 겹침에 변화가 생겨 부드럽고 가벼운 질감이 된다.

(3)가벼운 움직임을 자유자재로 표현 해 낼 수 있다.

(4)디자인상 불필요한 모발 량을 제거 할 수 있다.

(5)능률적이다.

(6)과도하게 자르는 위험성이 따를 수 있다.

(7)모발의 표현이 손상되기 쉽다

(8)모발을 잡아 당겨서 어긋나기 쉽다.

(9)초보자에게 기술적으로 난이하다.

7) Lazor 테크닉

• 그림 5-16 •

가이드를 정한다

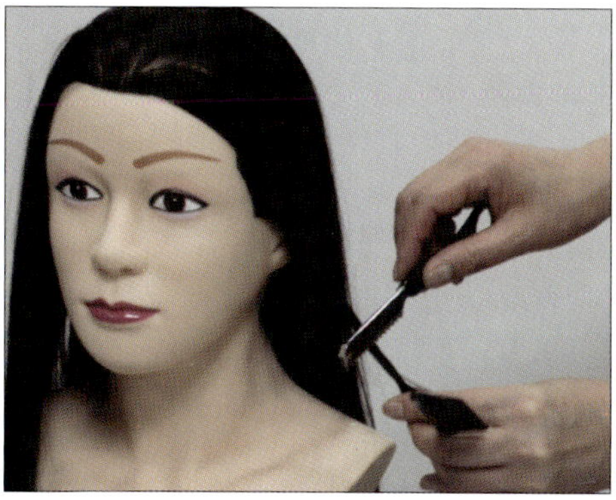
트위스로 연결 한다

테이프링 한다

05 두상의 구조및 브로킹

• 그림 5-17 •

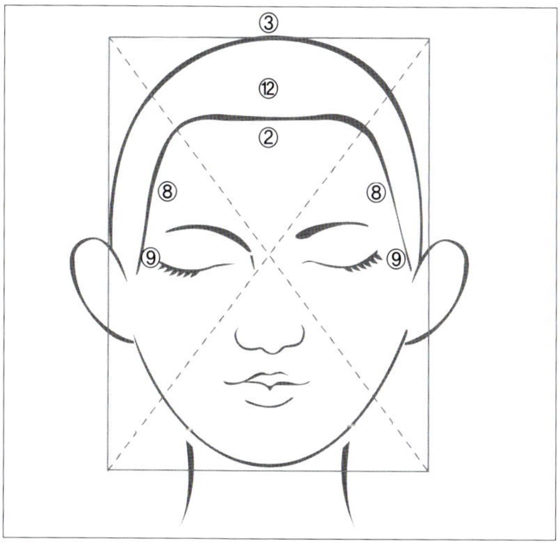

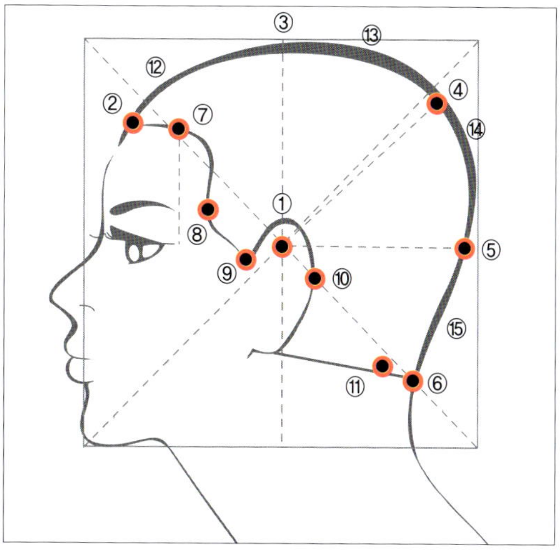

① 정중선: 코의 중심을 수직으로 이은 선

② 측중선: 좌측 귀에서 우측 귀까지 이은 선

③ 수평선: E.P를 수평으로 이은 선

④ 측두선: 눈 1/2에서 수직으로 내린 선

1) 두부의 포인트

① E · P (Ear · Point)

② C · P (Cener · Point)

③ T · P (Top · Point)

④ G · P (Golden · Point)

⑤ B · P (Back · Point)

⑥ N · P (Nape · Point)

⑦ F · S · P(Front side Point)

⑧ S · P (Side Point)

⑨ S · C · P (Side corner Point)

⑩ E · B · P (Ear back Point)

⑪ N · S · P (Nape side Point)

⑫ C · T · M · P (Center top medium Point)

⑬ T · G · M · P (Top Golden Medium Point)

⑭ G · B · M · P (Golden Back Medium Point)

⑮ B · N · M · P (Back Nape Medium Point)

VI 가모 염색 실제

01 인모와 인조모의 색상과 염색과정

1 세계 표준 색상은 인모(human hair)의 경우 J.Lcoloring 60개(남.여 공용)으로 사용되고 있으나 최근에는 여성용으로 많이 사용 되고 있다. 또한 남성용 모발색상으로 붉은색이 제외된 잿빛톤으로 개발된 10여종의 색상으로 사용되고 있다.
인조모(synthetic hair)의 경우 J.Lcoloring에 준하게 되어 있으나 인모와 합성섬유로 되어있는 인조모의 성질상 다소 색상의 차이는 있을 수 있다.
컬러의 다양한 색상은 각국에서 수입된 원 인모에 불순물이 묻어 있어 노폐물을 제거하기 위해 스켈링 과정을 거쳐 탈색된 모발의 사용도에 의한 색으로 재염색을 하게 된다.
염색료는 산성염료와 붕산 염료가 있는데 산성염료는 오랜 시간 뜨거운 물에 염색해야 하며, 붕산 염료는 일반온도(10~15℃)에서도 가능하고 경비와 시간이 절약되므로 많이 사용된다. 또한 스켈링이 잘못된 인모는 헤어피스 제작 후 사용 시 엉킴이 심하며 빗질이 어렵다.

2 인조모의 색상은 메이커(생산자)가 자체 개발하고 있다.
여성용의 경우 36종(혼합60여종가능)남성용10여종(혼합하면20여종)이 된다.
인조모는 만들 때 이미 고정 되어버린 색상이므로 재 염색이 불가능 하다.
붉은 색의 원사는 어두운 색으로 염색 할 수 있으나 공정과정이 어려워 생산공장에서만 할 수 있다.
염색과정 수입인모 – 노폐물제거 탈색 – 색 염색 – 건조 – 정모 – (필요한 길이에 알맞게) – 사용 합성수지 – 염색 염료 투입 – 고열 분사기 – 가늘 실 뽑기 – 급 냉 – 인조모 완성 – 사용

• 그림 5–18 • 패션가모 컬러이미지

VII 가모 펌 실제

인모의 펌 시술 시간은 15분에서 20분을 넘지 말아야 할 것이며 드라이어는 고객의 연령, 직업, 성격 및 유형에 따라 스타일이 달라지므로 잘 체크 하여야 한다.

또한 가모 전문가의 세심한 관심을 가지고 정기적인 관리가 되어져야 할

• 그림 5-19 • 가모의 웨이브 형태

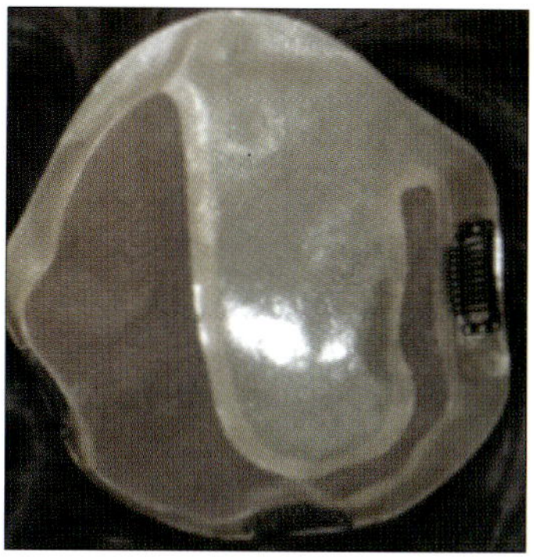

정수리 탈모

펌 시술 전

펌 과정

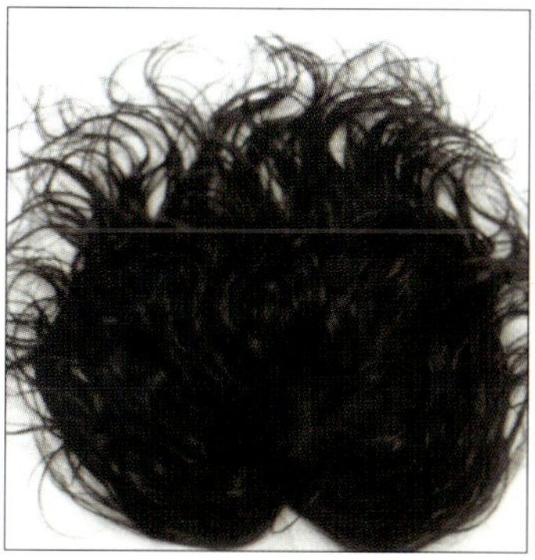

펌 완성

착용후 이미지

것이며, 예술적인 감각으로 새로운 매뉴얼의 헤어 스타일링과 주기적인 관리, A/S 의 만족이 이루어져야 한다.

컬 웨이브와 모량은 남성과 여성의 차이가 있다.

• 그림 5-20 • 가모의 웨이브 이미지

여성은 60%~120% 모량중에서 80%의 모량을 가지고 가모작업을 하였을 때 가장 자연스럽다. 남성 웨이브는 19mm~32mm 중에서 이미지 스타일에 따라 연출이 되어야 한다.

과제 1 가모 컷트방법에 대하여 실습해보자

과제 2 가모 염색&펌 방법에 대하여 실습해 보자

가모 관리학 6장

Ⅰ. 가모 세척 방법의 종류

Ⅱ. 가모 부착방법

가모의 형태는 두상전체를 감싸는 형태의 전체 가모(전두용 가모, Wig)과 두상 일부를 덮는 부분가모(top piece)가 있고, 가모의 종류는 크게 탈모용 가모과 패션용 가모로 나뉜다.

Wig

I
가모 세척 방법 종류

01 가모(Wig) 세척방법

인모는 미지근한 물, 인조모는 차가운 물에 적당량의 샴푸를 풀어준 다음 가모를 담궈 손으로 가볍게 눌러주면서 세척한 후 3~4번 정도 헹구어 준다. 샴푸 할 때는 비벼서 세척하면 컬이 망가지고 엉켜서 원형 회복이 되지 않으므로 주위 해야 한다. 헹군 다음 적당량의 트린트먼트를 풀어서 5~10분 정도 담구었다. 꺼낸 다음 수건 드라이 후 젖은 상태에서 빗질하여 가모걸이에 걸어 그늘에서 건조시킨다.

웨이브가 많은 롱 스타일은 완전히 젖은 상태에서 빗질하여 가볍게 흔들어 웨이브를 살려줘서 그대로 가모걸이에 걸어서 건조시켜 야 원래의 자연스러운 스타일을 낼 수 있다. 가모가 건조된 상태에서 빗질을 하여 모발이 날려 자연스러운 웨이브를 유지할 수 없다.

02 고정식 가모 세척방법

(1) 샤워기를 이용하여 물을 머리에 고르게 적신다.

(2) 적당한 양의 샴푸를 거품을 낸 후 모발을 한 방향으로 쓸어 내리듯이 하고 누르면서, 손 끝으로 두드리거나 지압식으로 씻어주며, 자기머리의 두피는 머리에 손을 넣어 시원하고 깨끗하게 씻어준다.

(3) 샴푸로 감은 머리와 가모는 충분히 물로 헹군다.

(4) 마지막으로 린스를 이용해서 머리를 한 방향으로 쓸어 내리듯이 가볍게 헹

구어 준다.

(5) 머리를 감고 나서 자신의 모발을 먼저 닦아내고 가모는 마른 수건으로 가볍게 눌러주면서 수건드라이 한다. 수건드라이 할 때 털거나 비벼서 말리면 절대 안된다.

(6) 가모를 두피에 고정한 다음, 드라이를 이용하여 가르마를 중심으로 형태를 잡아주면서 살짝 건조시키며 빗으로 조심스럽게 빗으면서 스타일을 낸다. 스타일링 제품을 사용하여 더욱 개성 있는 모습을 연출할 수 있다.

03 인모 가모 세척 및 관리 요령

1) 세척 방법

(1) 세척 전에 충분한 빗질을 한다.

(2) 유연제를 뿌린 후 다시 빗질한다.

(3) 40도 정도의 물에 shampoo 를 약간 많게 혼합하여 충분히 Mix 한 후 좌우로 길게 물에 담근다(뒤집지 말 것).

(4) 물은 가급적 정수된 물로서 PPM 50 이하의 물을 사용한다(PPM 100 이상의 물 사용 불가). PPM(parts per million ; 100만분 1의 농도 비) 예를 들어 100 L의 물에 1 mL의 오염 물질이 있다면 10 PPM이 좋다.

(5) 물에 3분 이상 그대로 담근다.

(6) 3분 후 물속에서 천천히 주물러 세척한다(절대 비비거나 머리 가락의 위, 아래가 섞이지 안도록 주의해야 한다).

(7) 세척 후 가모 위 부분을 잡고 서서히 꺼낸 후 RINSE 가 mix 된 미지근한 물에 다시 3분 이상 담근다.

(8) 3분 후 rinse 물에서 꺼내어 깨끗한 물로 마지막 세척 한다.

(9) 물에서 꺼내어 면 수건으로 감싼 후 가볍게 눌러 물기를 제거 한다.

(10) 물기가 완전히 제거 된 후 빗살 간격이 넓고 끝이 둥근 빗으로 끝에서부터 서서히 빗질 하고 나서 정상적인 가모 brush를 이용하여 미지근한 dryer 바람으로 건조 시킨다.

(11) 건조 후 마지막으로 유연제를 뿌린 후 다시 dryer 로 건조 시킨다.

2) 가모 관리 요령

(1) 빗은 2가지 종류 사용(하나는 빗살 간격이 넓고 굵고 빗살 끝이 둥근 것과 일반 가모용 brush)가 좋다

(2) 빗질 시 마다 반드시 유연제 사용하여야 한다.

(3) 빗질은 끝에서부터 조금씩 천천히 하여야 한다.

(4) 가모 보관은 가모 걸이(wig stand)를 사용하여 한다.

(5) 가급적 머리 가락을 딱딱하게 하는 약품 등은 사용하지 말아야 한다.

(6) 최대한 통풍이 잘되는 곳에 보관하고 먼지가 많은 곳은 피해야 한다.

(7) 직사 광선을 받으면 탈색(변색)이 빨리 되며 수명이 짧아지므로 햇빛을 피해야 한다.

(8) 가급적 잦은 염색과 잦은 파마를 피해야 한다.

(9) 가모는 cuticle 자체가 제거 된 상태이고 산 처리 과정과 염색 과정을 통하여 이미 2차례 머리 가락에 자극을 준 상태이기에 본인 hair 와는 전혀 다른 상태로 주의가 필요 하다.

(10) 샴푸 후 말리실 때 주의사항은 웨이브가 있는 상태로 쓰시는 고객들은 앞머리 부분만 (내리시거나,다 올리시거나,가르마 를 타시면) 그 방향대로 잡아주시고 자연건조 로 서늘한 곳에 보관하는 것이 좋다.

(11) 웨이브가 아닌 셋팅 드라이 컬 을 원하시는 경우에는 물기를 닦아낸 다음 찍찍이를 감은 상태에서 완전히 마를 때 까지 자연건조 한다.

04 인모 가모 샴푸 방법

(1) 세면대에 미지근한 물을 받아 둔다.한

(2) 샴푸를 풀어 거품을 낸다.

(3) 가모를 담구어 조물조물 주무른다.

(4) 머리결 방향으로 브러쉬로 빗어준다.

(5) 가모를 흐르는 물에 깨끗이 씻어준다.

(6) 세면대에 미지근한 물을 채우고 트린트먼트를 넉넉히 풀어준다.

(7) 트린트먼트에 가모를 충분히 흡수 시켜 준다.

(8) 트린트먼트로 감은 가모는 흐르는 물로 가볍게 헹구어 가모에 윤기가 남도록 한다.

(9) 수건으로 꾹꾹 눌러서 물기를 80%정도 제거 한다.

(10) 가르마를 타고 난 후 빗질하고 드라이어로 말리거나 거늘에 둔다 .

(11) 망을 씌워 손질된 상태로 거치대를 사용하여 보관 한다.

• 그림 6–1 •

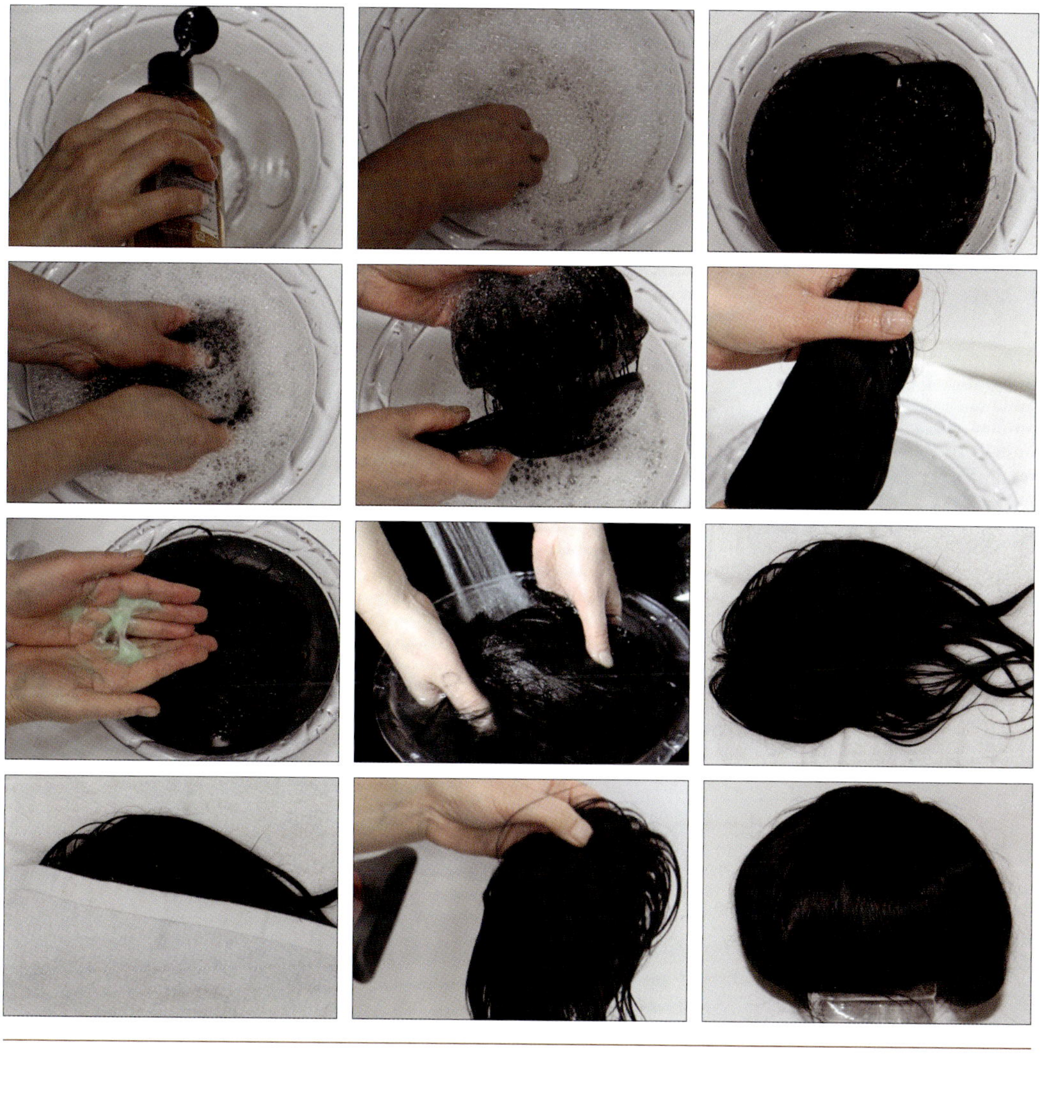

II 가모 부착 방법

1) 부착 형

부착부위에 머리카락이 있는 사람에게 적합하며 착용시 지침이나 수영등 자유로운 생활이 가능 하다. 클립형 같은 두께가 없기 때문에 착용감이 뛰어나며 클립형보다 작게 만들어 지기 때문에 자연스럽게 마무리가 쉽다.

2) 실크부착형

본인의 머리카락을 밀지 않고 그대로 부착하며 샤워, 운동, 잠잘때 등 일상생활이 자유롭다.

3) 클립형

가장일반적인 방법이며, 탈부착이 쉬워 사용하기 좋으며, 안정감도 있고 취침시에는 클립부분이 다소 당길수 있기 때문에 벗어놓고 취침하는것이 좋다.

4) 양면테이프

부착부위에 머리카락이 있는 사람에게 적합하며 착용시 취침이나 수영등 자유로운 생활이 가능하며, 부착형과 같이 자연스러운 관리가 편하다.

5) 특수 부착형

약품이나 매듭을 전혀 사용하지 않고 올인기법으로 부착하여 오랜시간 물속이나 습기가 많은곳에서도 착용이 뛰어나며 피부 알레르기 및 약품반응에 민감한 사람이 사용하기에 가장 적합하다.

6) 반영구 부착형(양면테이프처럼 끈끈이도 없고 클립사용이 필요 없다.)

미국에서 가장많이 사용하는 기법으로 인공 두피에 접착물질을 코팅한 기법으로 본인이 부착과 탈착이 자유로우며 기존에 사용하는 가모도 접착물질 코팅을 1회 코팅시 약 200회 정도 탈부착 할 수 있어 격한 운동에도 가능하다.

과제1 가모 세척방법의 종류에 대하여 정리해보자

과제2 가모 부착 방법에 대하여 실습해 보자

가모 헤어 스타일링

7장

Ⅰ. 얼굴 형태에 따른 헤어 스타일

Ⅱ. 헤어 스타일링 연출법

Wig

I

얼굴 형태에 따른 헤어스타일

얼굴형태에 따른 헤어스타일른 먼저 고객의 모습과 특징을 섬세하게 관찰하고 헤어 디자인에 적절한 길이와 볼륨 양,볼륨, 위치 결정한다. 그리고 얼굴형에는 얼굴의 전체적 굴곡 뿐 만 아니라 얼굴의 길이와 넓이 포함한다. 이상적인 타원형의 얼굴형으로 착시를 주기 위해 강조와 축소를 적절히 활용하여 헤어 스타일링 구성하고 고객의 개인적인 스타일과 유행에 대한 감각을 참고하여 디자인을 해야 된다. 헤어 디자인 내에 강조되는 요소에는 위치에 따라 착시효과를 주고 얼굴의 단점을 보완하여 장점인 곳에 시선을 집중시키는 효과를 준다.

01 얼굴 형태에 따른 헤어스타일

1) 둥근 얼굴

• 그림 7-1 • 둥근얼굴(여성)

원랭스 스타일 부적합

비대칭 스타일 적합

웨이브 스타일 적합

• 그림 7-2 • 둥근얼굴(남성)

부적합 스타일 | 적합 | 적합

둥근얼굴형태는 프린지나 크라운부분에 높이을 더해주어 보완할 수 있으며, 비대칭 디자인도 얼굴의 둥그런 느낌을 감소 시킨다 목의 길이가 적당하면 턱선 아래쪽에 넓이를 더해주면 좋다.

2) 장방향 얼굴

긴 얼굴형태는 디자인의 중간 부분에 넓이를 강조하여 시각적으로 변화를 주고 탑 부분에 좁고 돌출된 경우에는 높이를 더하지 않고 부피감을 주면 된다.

• 그림 7-3 • 장방향 얼굴(여성)

부적합 스타일 | 적합 | 적합

• 그림 7-4 • 장방향 얼굴(남성)

부적합 스타일

적합

적합

3) 역삼각형 얼굴

얼굴형이 작아 보이기는 하지만 약간 날카로운 인상을 줄수 있는얼굴형이기 때문에 아랫부분을 넓게 보이게 하는 헤어스타일을 연출하여 날카롭게 보이는 인상을 커버해 주는 웨이브 이미지를 연출을 해 주는 것이 좋다.

• 그림 7-5 • 역삼각형 얼굴(여성)

부적합 스타일

적합

적합

4) 정사각형 얼굴(마름모꼴형)

• 그림 7-6 • **정사각형 얼굴(마름모형) 남성**

부적합 스타일 | 적합 | 적합

정사각형 얼굴 형태는 높이를 더해주면 전체적인 모양이 길어 보이는 동시에 부드러운 곡선 모양은 사각형 얼굴의 각진 모습을 감소시킨다.

• 그림 7-7 • **정사각형 얼굴(마름모형) 여성**

부적합 스타일 | 적합 | 적합

5) 계란형 얼굴(타원형)

계란형은 원만한 얼굴형이기 때문에 어떤 스타일이든지 소화해 낼 수 있고 얼굴의 윤곽과 비율은 기본형이 된다. 이마의 폭이 턱보다 1.5배 정도 넓기 때문에 평범하고 개성 없는 스타일은 피하는 것이 좋으며 대담하고 개성 있는 스타일이 젊고 발랄해 보인다.

• 그림 7-8 • **계란형 얼굴**

부적합 스타일 | 적합 | 적합

사진참조 : 패션 그리고 뷰티 p-235경춘사-지은이 조오순 외4인 여성-p-233

II
헤어 스타일링 연출법

클립방식과 테잎 부착식이 있으므로 개인의 선호도에 따라 선택해야 한다.

탈착에 있어 불편함이 없어야 하며 스타일링에 자유로워야 한다.

01 남성가모 연출법

• 그림 7-9 • 전두부 탈모 부분에 테잎형 가모를 착용한 모습

유전적인 탈모 착용전

전두용 가모 착용 후

유전에 의한 탈모진행으로 30대부터 착용하였으며, 현재 가모사업가로 변신 하였다.

• 그림 7-10 • 탈부착 테잎식과 클립부착 겸용으로 사용하여 변신한 모습

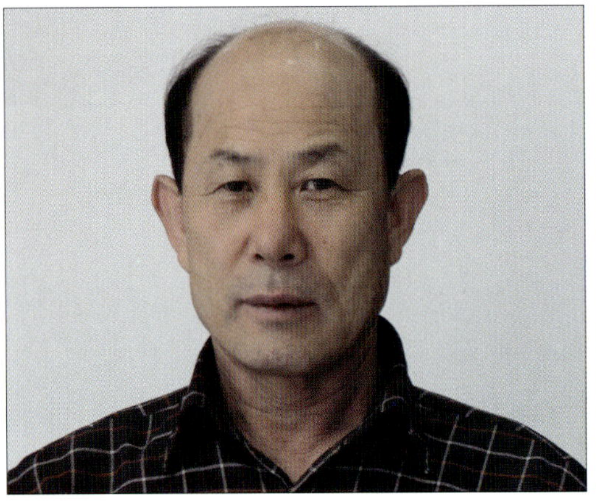

스트레스에 의한 탈모 착용전

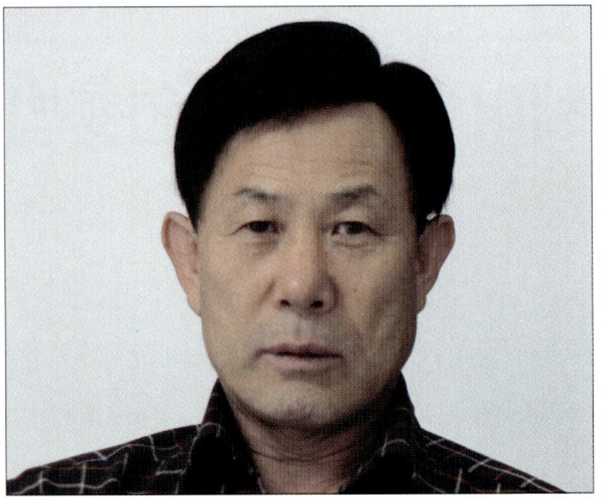

착용 후

40대 초반의 과도한 업무로 인한 스트레스 탈모로 진행되었다

02 여성 가모 연출법

• 그림 7-11 • 답답한 머리모양을 파마가모과 숏트 가모로 변신한 모습

가모 착용전

합성 파마 가모착용

인모 가모착용 모습

03 패션가모 연출법

1) 부분 가모

앞 전체 가모에서와 마찬가지로 부분가모야 말로 내 머리카락을 대신 그 사람의 신체의 일부분의 결함을 감추어 주며 흰머리 커버용으로 스트레스해소와 대인관계의 자신감을 심어 줌으로써 악세사리처럼 편하게 표현되어야 한다. 또한 피스를 이용하여 포니테일로 묶어준다.

• 그림 7-12 • 부분 가모 연출법

포니테일 착용전

포니테일 착용후

2) 전체 가모

1 양손으로 hair net를 잡고 완전히 목둘레에 걸치도록 한다.

2 hair net를 위쪽으로 이동시켜서 앞 이마의 헤어라인에 맞도록 고정 시킨다.

3 뒷 부분의 머리를 골고루 퍼지게 넣고 헤어네트의 남은 부분을 잡고 이마쪽으로 끌어 당긴다.

4 전체적으로 헤어네트의 여분이 없도록 손질하여 헤어네트가 움직이지 않도

록 헤어핀으로 고정시킨다.

이때 두상이 납작한 사람은 헤어네트 사이로 꼬리 빗을 사용하여 볼륨 있는 두상 형태로 만들어 준다.

5 가모의 귀 부분을 잡고 앞 부분에 이마 헤어라인에 맞도록 고정 시킨다.

• 그림 7-13 • 전체가모 쓰는방법

망을 머리위에 쓴다

망을 쓴후 잔머리가 나오지않도록 한다

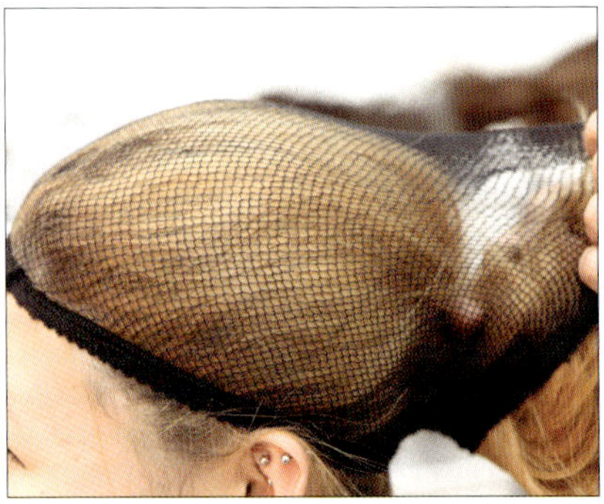

머리카락을 망속에 모두 넣는다

망을 묶는다

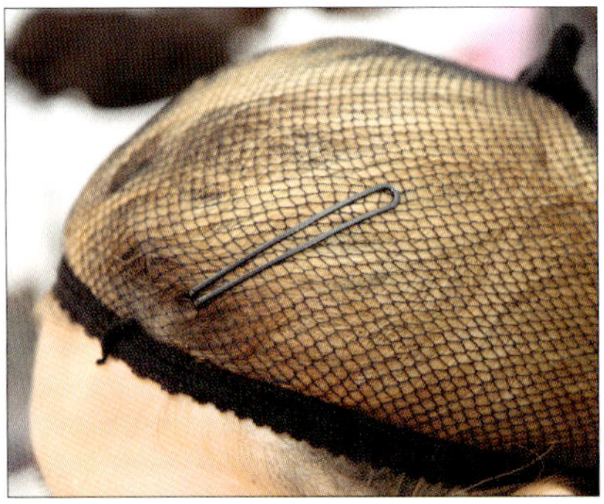

망을 묶은후 핀으로고정한다

가모를 착용한다

6 착용시 약간 고개를 숙여서 앞 이마 부터 네이프 방향으로 착용하면 혼자서 도 쉽게 착용 할수 있다.

가모는 크기를 조절 할 수 있는 고리형 헤어밴드가 부착 되어 있어 누구든지 간편하고 신속하게 착용 할 수 있다.

• 그림 7-14 • 전체가모

웨이브 착용전 /착용후

롱헤어 착용전 / 착용후

미디움 착용전/ 착용후

숏커 착용전/ 착용후

여러 가지 피스가발들

(참고문헌 : www.pinkage.co.kr)

• 그림 7-15 • 가모 헤어스타일링 이미지연출

착용전

착용후
(참고문헌 : www.pinkage.co.kr)

착용전

착용후

착용전

착용후

착용전

착용후

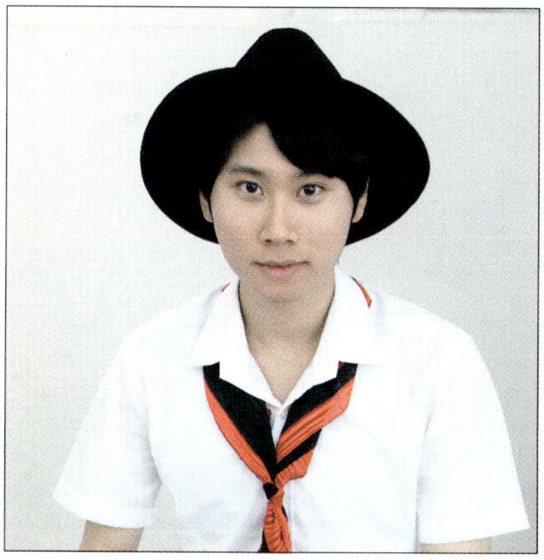

착용전

착용후

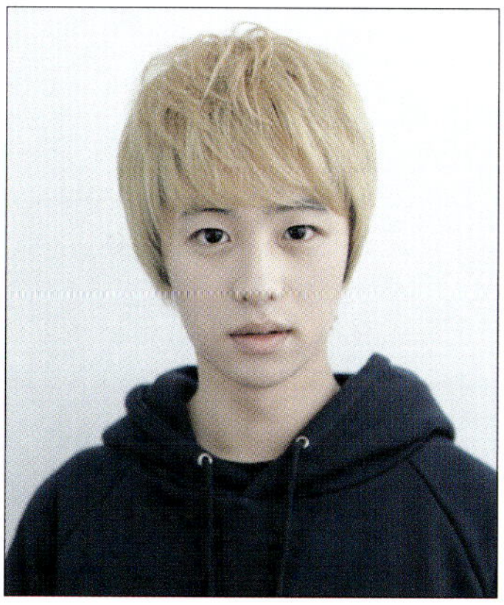

착용전

착용후

착용전

착용후

착용전

착용후

착용전

착용후

참고문헌 : www.pinkage.co.kr

• 그림 7-16 • 부분 탈모와 흰머리 커버용으로 연출한 모습

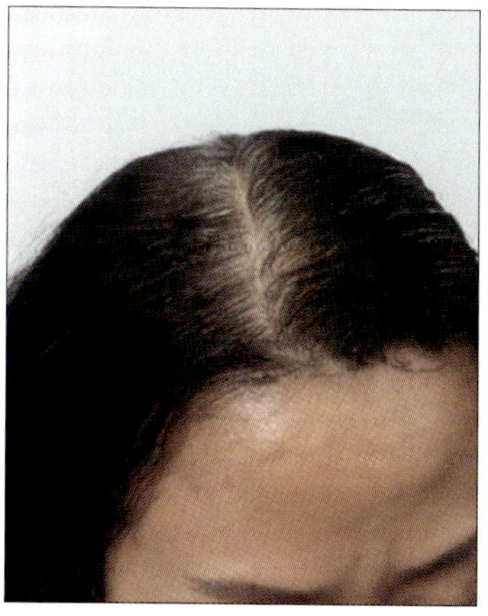

착용전

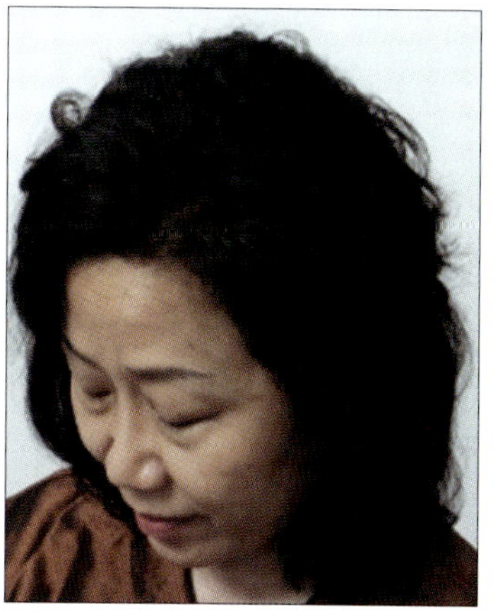

볼륨 탑 가모 착용모습

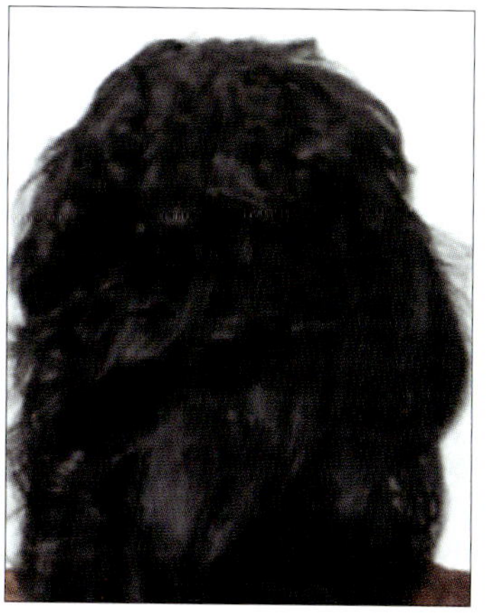

파마 탑 가모 착용 후

• 그림 7-17 • 강한 이미지의 쇼트머리에서 롱 가모로 여성스러운 이미지 연출한 모습

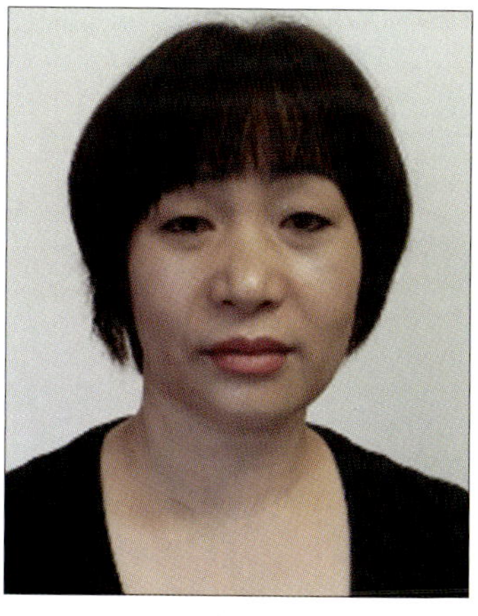

착용전

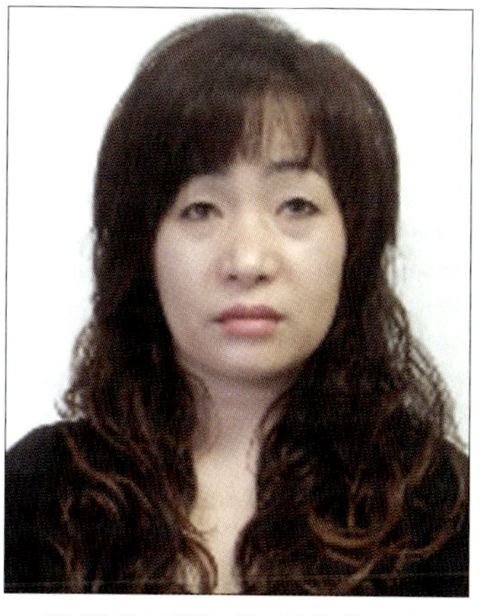

롱 헤어스타일 가모착용 앞 모습

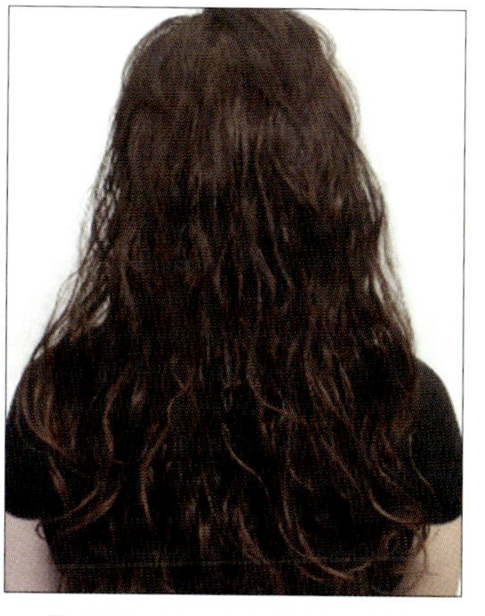

롱 헤어스타일 가모착용 후 모습

• 그림 7-18 • 가모 컬러링이미지 연출

참고문헌 : www.pinkage.co.kr

• 그림 7-19 • 컬러패션으로 자신감 있는 헤어스타일로 변신한 모습

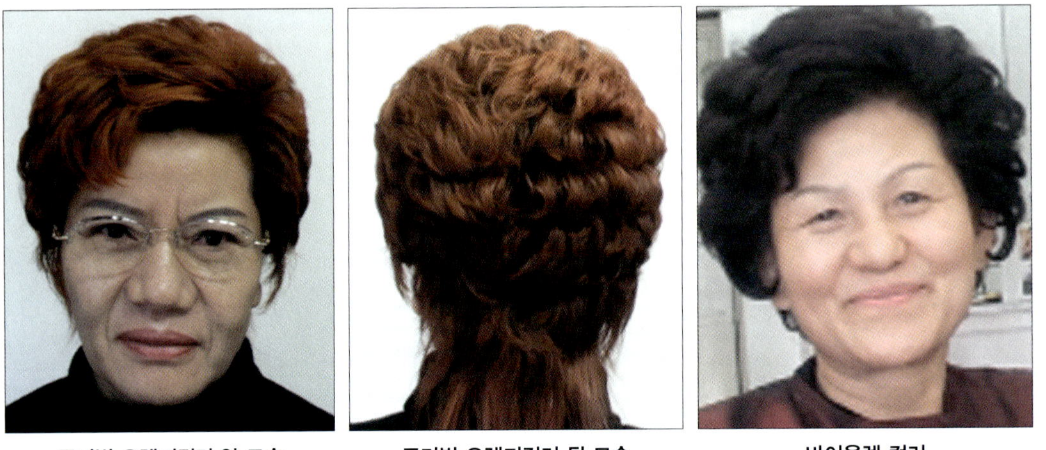

구리빛 오렌지컬러 앞 모습　구리빛 오렌지컬러 뒷 모습　바이올렛 컬러

3) 프린지 가모

앞머리는 다른 원사에 비해 윤기가 적고 실제 모발로 만들어지므로 본인의 앞머리와 잘 어울려야 한다.

보통 인모 100%로 사용되기 때문에 처음 사용시 드라이나 매직아이론으로 볼륨을 한번 잡고 사용한다.

• 그림 7-20 • 동안 얼굴에 잘 맞는 프린지 가모 연출법

참고문헌 : www.pinkage.co.kr

염색, 펌, 매직등 사용이 가능하고 실용적이다. 착용시는 본인 앞머리를 약간 넘겨주고 앞머리 가모를 착용한후 본인 앞머리를 내려 경계부분을 잘 가려서 연출한다. 요즈음 현대에 맞는 동안 페이스 연출에 적당하다.

과제1 전체 가모 연출법에 대하여 정리하고 실습해보자

과제2 가모 드라이 방법에 대하여 정리하고 실습해보자

가모 상담학 8장

I. 상담과 MOT

II. 가모 상담법 및 실제

Wig

I
상담과 MOT

상담이란 고객이 가지고 있던 자신의 문제를 해결해 나가는 원조적 관계를 전개하는 것으로 심리학적 교양과 기술을 익힌 전문가가 문제를 가진 고객과의 정보 교환과 심적 대화 및 신뢰성 있는 시술을 거듭하는 것이다. 그리고 MOT란 "Moment of Truth"의 영문 약자로 번역하자면 "결정적인 순간 또는 진실의 순간을 포착하라"는 뜻이다. 소비자들이 아침에 일어나서 신문을 보는 순간부터, 집을 나와서는 교통수단을 통해 식당에서 또는 친구를 만나 차를 마시는 곳, 그 어느 곳 에서나 제품의 이미지를 심어주는 것이 MOT 마케팅의 핵심 전략이다. MOT 마케팅은 본래 70–80년대 스웨덴 항공사인 〈스칸디나비아 항공〉이 세계 최초로 고안해 큰 성공을 거둔 이후 많은 다국적 기업들이 벤치마킹을 해오고 있다. MOT (Moment of Truth)란 스페인의 투우 용어인 "Moment De La Verdad' 를 영어로 옮긴 것으로, 스웨덴의 마케팅 학자인 리차드 노만(R. Noeman)이 서비스 품질관리에 처음으로 사용하였다고 한다. 이 말은 투우사가 소의 급소를 찌르는 순간을 말하는데, '피하려 해도 피할수 없는 순간', 또는 '실패가 허용되지 않는 매우 중요한 순간'을 의미한다.

01 신규고객 접점 Walkthrough

카운터
1. 고객맞이
2. 용무확인
3. 상담실 안내

상담실
1. 소개 및 인사
2. 고개카드 작성
3. 고객 니즈파악
4. 탈모상태 진단
5. 구입여부 확인
6. 결재 안내
7. 패턴실 안내

패턴실
1. 소개 및 인사
2. 작업
3. 카운터 안내
4. 제품인도일자 확인
5. 고객 배웅

02 진실의 순간

MOT(진실의 순간) 는 고객이 나를 느끼는 순간입니다.

MOT
1. 매장환경을 둘러보는 순간
2. 직원과 시선이 마주치는 순간
3. 직원의 환한 미소를 보는 순간
4. 일어서서 반갑게 맞이하는 모습을 보는 순간
5. 자리를 권유 받는 순간
6. 고객의 말을 적극적으로 경청하는 모습을 본 순간
7. 서비스를 안내 받는 순간
8. 서비스가 끝난순간
9. 신속하게 업무 처리하는 직원의 태도를 본 순간
10. 다른 자리로 안내 받는 순간
11. 직원간 대화하는 모습을 본 순간
12. 다른 서비스를 안내 받는 순간
13. 정리정돈이 잘 되어 있는 직원의 책상을 본 순간
14. 따뜻한 배웅을 받는 순간

03 MOT 대분류

MOT분류를 하면 첫째, 광고, 홍보로 각종 매체광고나 인터넷 광고 카다록 브로셔 각종 행사등을 말한다.

둘째, Telemaeketing 은 전화상담후 내방고객 상담 성골률 90% 이상이며 셋째, 방문상담은 대부분 이미 마음의 결정을 한 상태이다. 넷째, A/S 상담은 총 매출의 30~50%는 A/S시 발생하고 다섯째, 사후관리는 이탈 고객의 미음을 되돌리는 결정타이다. 그러므로 가모관리사로서 상담자의 마음은 의사와 같은 전문지식으로 가모의 고민 이라기 보다 탈모에 관한 의학적 지식을 숙지하고 고민하는 마음과, 간호사의 입장처럼 꾸준히 도와주고 서비스하는 마음, 미용사의 감각처럼 미용사의 손길과 헤어 스타일링의 중요성으로 신속한 적용이 필요하고 지속적으로 미용정보 습득을 해야한다. 또한 기술 연구원과 같은 꾸준한 연구로 신소재개발과 새로운 부착방식 연구, 점착제 및 테잎등 부자재 개발등의 기술에 주력해야 한다. 처음부터 끝까지 겸손과 서비스로 최선을 다하는 감동서비스가 필요하다.

II
가모 상담법 및 실제

01 상담자로서 역할

인사 및 자기소개, 설문지 작성, 두피 및 탈모상태 파악, 가모의 장점소개하기, 스타일상담 등을 고객의 마음을 편안하게 상담 하여야 한다.

1) 상담 전에 상담설문지를 작성하여야 하며 전화번호, 이름, 업체 방문이유 및 유입경로 등을 파악한다.
2) 연령별, 직업별 적합한 스타일을 선택하여 상담 한다.
3) 탈모사이즈와 두피상태를 파악하여 부착방식을 결정한다.
4) 현미경 등이 있을 경우 거울을 2개 이용해서 정수리를 보여 주면 효과적입니다. 고객은 대부분 자신의 탈모 부위를 정확하게 본적이 없다.
5) 이마라인을 자연스럽게 하기 위해서는 스킨 소재를 사용 한다.
6) 유명 연예인의 스타일을 스크랩하여 스타일 중에서 고를 수 있도록 유도한다.
7) 두 번째 제품에 대해서 추가 DC % 진행 한다.

02 상담방법 및 자세

탈모증이 있는 사람은 우리가 상상을 초월할 정도로 심한 고민을 하고 있다. 자신감 결여에서 오는 대인관계 공포증, 내성적인 성격, 자기와 타인과의 비교에서 오는 우울증 등 여러 문제점을 안고 생활하기 때문에 상담할 때 억양을 높이거나 자기주장대로 이끌어 나가면 안 된다.

고객과 동등한 입장에서 이해를 시켜주는 식, 또는 종전부터 나와 잘 아는 관계에 있는 사람처럼 자세히 온화한 인상을 주도록 노력하여야 한다.

그리고 설명하는 속도는 발음을 정확히 하여 알맞은 정도의 속도를 유지시키고 방문자들이 스스로 의지하고 싶은 마음과 신뢰성이 깊이 생길 수 있도록 해야 한다.

또한 상담자는 방문자(고객)의 신분과 직위에 관계없이 한사람 한사람 동등하게 대해야 하며 친절을 기본으로 항상 고객입장에서 서서 생각하고 자신이 탈모증이 있는 상태라고 생각하면서 상담에 임하면 쉽게 상대방의 입장을 이해할 수 있을 것이다.

① 대화의 진실성 ② 가격 ③ 스킨, 망의 종류 ④ 직업 ⑤ 두피열 체크 ⑥ 두께.취향 ⑦ 모량의 량 등 세심한 베려가 필요하다.

03 전화상담시 주의사항

상담에는 특히 전화 상담이 중요하다. 전화상담은 문의자의 머리 상태, 연령, 취향 정도, 생활환경 정도, 남아있는 머리의 상태 등 전혀 보지 못하는 상태에서 목소리만 가지고 상담하므로 전화상담시 가장 중요한 것은 부드러운 말씨와 친절이다. 그 다음 중요한 것은 상담자가 문의자의 탈모된 상태를 상상하고 문의자가 무엇을 바라는지 빨리 알아내어 즉각적인 대응상담이 가능해야 한다.

이러한 전화상담의 가장 큰 목적은 문의자의 궁금증을 전화로 이해시키고 신뢰감을 심어주어 방문하도록 하는데 그 목적이 있다.

04 실전 신규고객 상담 요령

1) 고객 응대법

편안한 관계의 대화로 낯설지 않는 분위기를 만들어 주어야 한다.

2) 상담카드 작성

상담전에 상담카드에 정확한 신상정보를 기재하고 개인 정보 유출금지를 약속한다.

3) 연령, 탈모시기, 유전적인요인, 후천적인 여부를 파악 한다

탈모부위의 사이즈와 두피상태를 파악하여 부착 방식을 결정하여 자연스러운 대화로 탈모라인을 정확히 짚어주고 앞으로 탈모부위가 넓어질 수 있을 거라는 설명을 해 준다.

4) 고객 유도 및 주도적 상담

상담자의 설명을 충분히 숙지 한 다음 질문을 유도하여 궁금증에 대한 것을 빨리 파악하여 가모에 대한 인식과 장 · 단점을 인식할 수 있도록 도움을 주어야 한다.

5) 연령별 스타일

상담고객이 가모샘플을 여러 가지 다양하게 착용 후 제시한다. 젊은 층은 연예인 스타일을 설명하거나 스크랩 샘플로 도움을 준다. 20~30대 댄디 스타일 유도, 40~50대 앞머리를 넘기는 스타일이나 2:8, 3:7을 유도 한다.

6) 탈모 부위와 두피상태에 따른 부착방법 설명

고정식과 탈 부착식 멀티 공법식이 있다.

고정식: 365일 부착되어 있어 벗겨질 염려가 없어 스포츠나 샤워시에 탁월하다.

탈 부착식: 때와 장소에 따라 언제든지 병행이 가능하며 자유롭다.

7) 가모제품 2개이상의 중요성 인식

반영구적인 소모품이므로 번갈아 쓸수 있도록 장. 단점에 대한 설명을 하고 추가시 가격DC에 대한 추가 설명을 해 준다.

8) 제품의 궁금증과 질문의 대처 방안

궁금증에 대한 질문을 하도록 한다. 자연스러움, 머릿결, 무게감 등을 타 제품과 비교 분석

참고

- **고정식 의료용 접착제를 도포후 3~4주 고정시**
  장점: 격한운이나 샴푸시에 벗지 않아도 된다
  단점: 피부트러블 또는 냄새가 날수 있으며 수명이 짧다
- **탈부착 테입식, 클립식**
  테잎식의 장점: 혼자서 탈부착 가능, 수명 길다
  단점:덥거나 땀이 많이 날 경우 떨어지기 쉽다
- **클립식**
  장점: 탈부착 가능, 관리비 저렴
  단점: 클립부위가 만지면 느껴짐, 견인성 2차 탈모발생

하게 하고 장 · 단점만 간단명료하게 확실히 고객에게 인식 시킨다.
전화 통화중에 가격 DC 요구를 하였을때 OK 한 후 재방문 유도로 계약하여야 한다.
고객이 선택한 제품이 우수하다고 생각이 들어 계약을 했을 때 가모는 덮고 가리는 것이 아니라 제2의 내 머리라 생각하고 품질을 높여야만 고객의 만족도가 높아 이탈이 안 되며 추후 지속적인 계약 사이클이 이루어지므로 수익성이 높아진다.

• 그림 8-1 • 신규고객 상담 및 제품 설명

고객상담

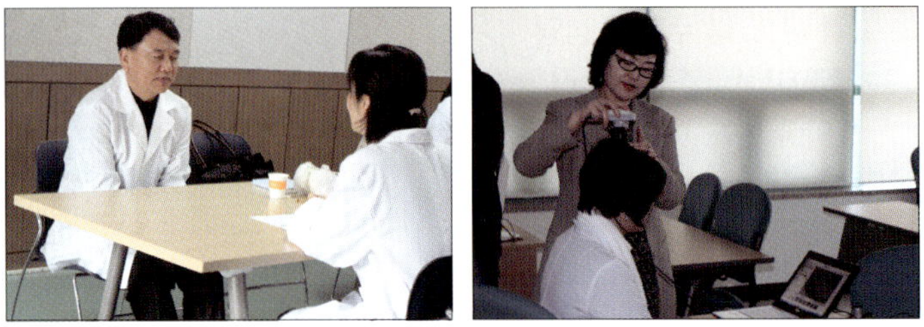

충분한 상담을 한 다음 탈모 진단을 하여 가모선택을 하여야 한다

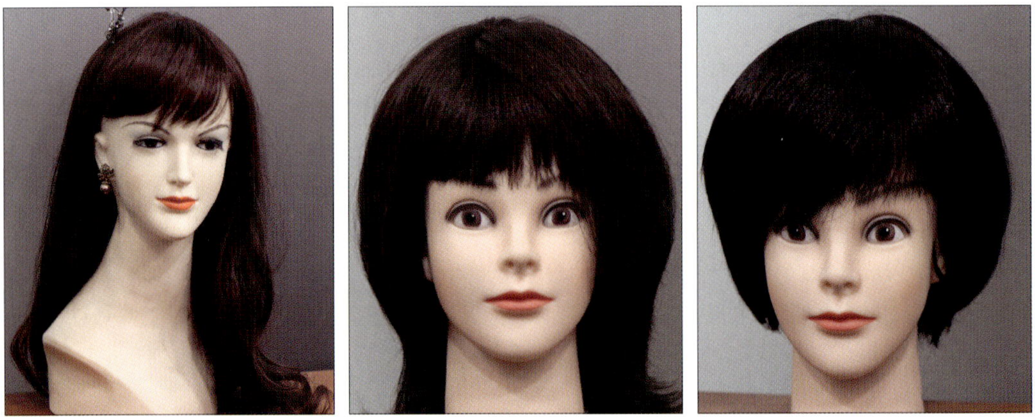

여성가모 샘플을 재시한다

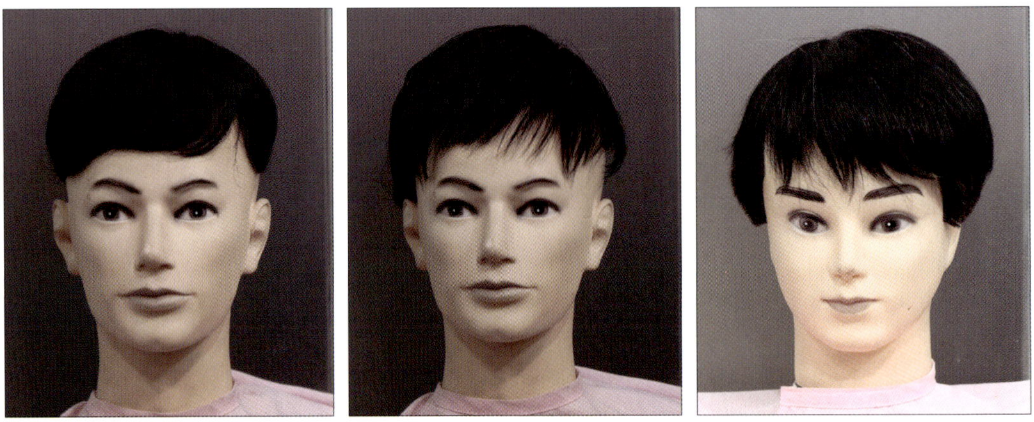

남성가모 샘플을 재시한다

고 오히려 가모 착용을 안 하시면 그 모습이 더 어색해 보여서 불안해질 것입니다.

13) 샴푸는 언제 하나요?

샴푸는 2~3주에 한번 하시면 좋습니다.
여름에 매일 쓰시는 경우에는 1~2주에 한번씩 하시고 웨이브나 볼륨이 살지 않고 꺼지는 느낌이 드실 경우 하시면 됩니다.

14) 매일매일 세척하지 않으면 냄새 나지 않을까요?

가모는 고객님 머리 위에 모자처럼 쓰는 것으로 모발의 뿌리가 없기 때문에 땀이나 피지가 직접적으로 묻지 않습니다. 또한 저녁에는 가모를 벗고 보관함에 두고 보관하시기 때문에 통풍이 되면서 냄새가 없어집니다. 모발에 묻은 먼지는 가볍게 털어주시면 됩니다.

15) 샴푸 해 주는 것도 돈을 받나요?

6개월 내 1회는 서비스로 해 드립니다. 그 이후부터는 부분가모는 1만원, 전체가모는 3만원입니다. (각 매자에 따라 차이는 있다.)
샴푸관리는 매일 하는 것이 아니라 1~ 2개월에 한번 하시면 됩니다.

16) 샴푸 후 드라이로 말려야 하나요?

가능 하지만 자연방치로 말리는 것이 가장 좋습니다. 100%인모로 되어 있기 때문에 드라이기로 말리게 되면 모발이 거친 느낌이 듭니다. 특별한 경우가 아니면 자연 방치 하는것이 가장 좋습니다.

17) 볼륨을 살리고 싶을 때는 어떻게 하나요?

저녁에 주무시기 전에 물 스프레이를 가모에 살짝 뿌리신 다음 찍찍이를 볼륨 살리고 싶은 부분에다가 말아주시거나, 뿌리부분에 말아주시면 됩니다.

18) 볼륨을 살리면 그대로 살아있나요?

저희 상품은 100%인모 이기 때문에 인조와는 달리 습기가 많은 날에는 볼륨이 죽을수 있어서 그런 날에는 찍찍이로 볼륨을 충분히 살려 주는 것이 좋습니다.

19) 가모도 파마가 풀리나요?

네 100% 인모이기 때문에 파마가 풀립니다 하지만 매일 샴푸 하는 게 아니기 때문에 6개월이나 1년에 한번 파마를 하시면 됩니다.

20) 파마나 염색은 오래있어야 하나요?

그날 바로 찾아가셔야 될 경우는 2시간 정도 있다가 찾으러 오시면 됩니다.
퍼머나 염색할 경우 각 각 15분에서 25분정도 소요 되므로 여유시간을 넉넉히 잡는 것이 좋습니다. 특히 펌의 경우는 웨이브 상태 그대로 쓰시면 괜찮지만 굵은 웨매회 관리시에 유연제 코팅을 하시면 좋습니다.

5) 영구적으로 쓸 수 있나요?

관리를 어떻게 하느냐에 따라서 조금씩은 틀리지만, 망이 찌 져지지 않는 한 오랫동안 착용 하 실수 있습니다. 관리만 잘 하신다면 최소 5년 이상은 쓰실 수 있습니다.

6) 가모 모발이 빠지지는 않나요?

상품은 모두 한 올 한 올 수제로 만들어 졌기 때문에 심한 빗질을 하시는 경우가 아니라면 모발이 많이 빠지는 일은 거의 없다고 보시면 됩니다.

저희 상품을 고객님이 사신지 6개월 이내에 모발이 많이 빠지면 무료로 1회 숱 보강을 해드립니다.

7) 가모를 착용하면 모발이 숨을 못 쉬어서빠진다고 하던데……모발이 빠지나요?

가모를 착용 한다고 해서 고객님 모발이 빠지는 건 아닙니다.

고객님들이 모발이 빠진다고 생각하시는 이유는 가모를 착용하시고 빼실 때 똑딱이 핀에 모발이 끼여서 빠지는 경우가 많습니다 가모착용 후 빼실 때 는 잡아당기면서 빼시지 마시고 좌,우 뒤로 흔드시면서 천천히 빼는게 좋습니다.

8) 가모를 착용하고 운동이나 샤워를 할 수 있나요?

땀을 많이 빼는 운동은 가모 착용을 하지 않고 하시는 게 좋습니다. 샤워는 고객님 두피에 밀착된 망이 아니면 가모를 벗으신 다음에 샤워를 하셔야 합니다.

9) 바람이 불면 벗겨지지 않나요?

가모를 심하게 잡아당기지 않는 이상은 바람이 분다고 해서 벗겨지지는 않습니다.

10) 가모가 헐거운 것 같은데 움직이지는 않을까요?

가모착용을 하실 때 는 두피에 너무 꽉 쪼여서 하시는 거보다 약간 느슨하게 착용하시는 것이 좋습니다 그렇다고 해서 가모가 벗겨지거나 심하게 움직이지는 않습니다. 혹시 불안하시면 실핀으로 고정시키는 것도 좋습니다.

11) 무거운 거 같은데요?

가모를 처음 착용 하시는 분들은 가모 착용이 처음이기 때문에 어색하셔서 무겁다고 느끼실 수 있습니다. 가모의 실제 무게는 모자보다도 훨씬 가볍습니다. 가모를 착용하시고 1시간 정도만 지나게 되면 착용감이 거의 느껴지지 않을 만큼 가볍습니다.

12) 너무 어색 하게 느껴지네요.

고객님이 어색하시는 건 당연합니다. 고객님이 지금까지 10년이 넘게 가지고 계신 스타일이기 때문에 갑자기 숱이 많아지거나 볼륨이 확 살아버리면 너무 변화된 모습에 어색해 하시는 건 당연 하십니다. 1주일만 가모를 착용하시면 어색함은 사라지고 오히려 가모 착용을 안 하시면 그 모습이 더 어색해 보여서 불안해질 것입니다.

13) 샴푸는 언제 하나요?

샴푸는 2~3주에 한번 하시면 좋습니다.

여름에 매일 쓰시는 경우에는 1~2주에 한번씩 하시고 웨이브나 볼륨이 살지 않고 꺼지는 느낌이 드실 경우 하시면 됩니다.

14) 매일매일 세척하지 않으면 냄새 나지 않을까요?

가모는 고객님 머리 위에 모자처럼 쓰는 것으로 모발의 뿌리가 없기 때문에 땀이나 피지가 직접적으로 묻지 않습니다. 또한 저녁에는 가모를 벗고 보관함에 두고 보관하시기 때문에 통풍이 되면서 냄새가 없어집니다. 모발에 묻은 먼지는 가볍게 털어주시면 됩니다.

15) 샴푸 해 주는 것도 돈을 받나요?

6개월 내 1회는 서비스로 해 드립니다. 그 이후부터는 부분가모는 1만원, 전체가모는 3만원입니다. (각 매자에 따라 차이는 있다.)

샴푸관리는 매일 하는 것이 아니라 1~ 2개월에 한번 하시면 됩니다.

16) 샴푸 후 드라이로 말려야 하나요?

가능 하지만 자연방치로 말리는 것이 가장 좋습니다. 100%인모로 되어 있기 때문에 드라이기로 말리게 되면 모발이 거친 느낌이 듭니다. 특별한 경우가 아니면 자연 방치 하는것이 가장 좋습니다.

17) 볼륨을 살리고 싶을 때는 어떻게 하나요?

저녁에 주무시기 전에 물 스프레이를 가모에 살짝 뿌리신 다음 찍찍이를 볼륨 살리고 싶은 부분에다가 말아주시거나, 뿌리부분에 말아주시면 됩니다.

18) 볼륨을 살리면 그대로 살아있나요?

저희 상품은 100%인모 이기 때문에 인조와는 달리 습기가 많은 날에는 볼륨이 죽을수 있어서 그런 날에는 찍찍이로 볼륨을 충분히 살려 주는 것이 좋습니다.

19) 가모도 파마가 풀리나요?

네 100% 인모이기 때문에 파마가 풀립니나 하시만 매일 삼푸 하는 게 아니기 때문에 6개월이나 1년에 한번 파마를 하시면 됩니다.

20) 파마나 염색은 오래있어야 하나요?

그날 바로 찾아가셔야 될 경우는 2시간 정도 있다가 찾으러 오시면 됩니다.

퍼머나 염색할 경우 각 각 15분에서 25분정도 소요 되므로 여유시간을 넉넉히 잡는 것이 좋습니다. 특히 펌의 경우는 웨이브 상태 그대로 쓰시면 괜찮지만 굵은 웨매회 관리시에 유연제 코팅을 하시면 좋습니다.

5) 영구적으로 쓸 수 있나요?

관리를 어떻게 하느냐에 따라서 조금씩은 틀리지만, 망이 찌 져지지 않는 한 오랫동안 착용 하 실수 있습니다. 관리만 잘 하신다면 최소 5년 이상은 쓰실 수 있습니다.

6) 가모 모발이 빠지지는 않나요?

상품은 모두 한 올 한 올 수제로 만들어 졌기 때문에 심한 빗질을 하시는 경우가 아니라면 모발이 많이 빠지는 일은 거의 없다고 보시면 됩니다.

저희 상품을 고객님이 사신지 6개월 이내에 모발이 많이 빠지면 무료로 1회 숱 보강을 해드립니다.

7) 가모를 착용하면 모발이 숨을 못 쉬어서빠진다고 하던데……모발이 빠지나요?

가모를 착용 한다고 해서 고객님 모발이 빠지는 건 아닙니다.

고객님들이 모발이 빠진다고 생각하시는 이유는 가모를 착용하시고 빼실 때 똑딱이 핀에 모발이 끼여서 빠지는 경우가 많습니다 가모착용 후 빼실 때 는 잡아당기면서 빼시지 마시고 좌,우 뒤로 흔드시면서 천천히 빼는게 좋습니다.

8) 가모를 착용하고 운동이나 샤워를 할 수 있나요?

땀을 많이 빼는 운동은 가모 착용을 하지 않고 하시는 게 좋습니다. 샤워는 고객님 두피에 밀착된 망이 아니면 가모를 벗으신 다음에 샤워를 하셔야 합니다.

9) 바람이 불면 벗겨지지 않나요?

가모를 심하게 잡아당기지 않는 이상은 바람이 분다고 해서 벗겨지지는 않습니다.

10) 가모가 헐거운 것 같은데 움직이지는 않을까요?

가모착용을 하실 때 는 두피에 너무 꽉 쪼여서 하시는 거보다 약간 느슨하게 착용하시는 것이 좋습니다 그렇다고 해서 가모가 벗겨지거나 심하게 움직이지는 않습니다. 혹시 불안하시면 실핀으로 고정시키는 것도 좋습니다.

11) 무거운 거 같은데요?

가모를 처음 착용 하시는 분들은 가모 착용이 처음이기 때문에 어색하셔서 무겁다고 느끼실 수 있습니다. 가모의 실제 무게는 모자보다도 훨씬 가볍습니다. 가모를 착용하시고 1시간 정도만 지나게 되면 착용감이 거의 느껴지지 않을 만큼 가볍습니다.

12) 너무 어색 하게 느껴지네요.

고객님이 어색하시는 건 당연합니다. 고객님이 지금까지 10년이 넘게 가지고 계신 스타일이기 때문에 갑자기 숱이 많아지거나 볼륨이 확 살아버리면 너무 변화된 모습에 어색해 하시는 건 당연 하십니다. 1주일만 가모를 착용하시면 어색함은 사라지

용어 해설

Wig

재단 FIBER CUT(원료를 규격대로 자르는 작업)
정모 원사를 정리하는 작업
계량 CHECK WEIGHT(규격대로 중량 준비 작업)
쌍침 미싱 바늘이 2개씩 장착 된 미싱으로 3개 미싱 1조.
미노 WEFT(가모를 제조하기 위하여 재봉사로 원사를 봉제하는 작업)
고침 미노 용어 를 CAP에 부착하는 미싱.
수제 가모 원사를 CAP에 심는 작업 공정.
모장 HAIR LENGTH(원사의 길이)
모질 HAIR QUALITY(원사의 품질)
모량 HAIR DENSITY(원사의 분포 량)
땀수 1" 간격내의 미싱 바늘 수.
비정 원사의 끝 부분을 똑같이 하지 안음.
진밤 진한 밤색
중밤 중간 정도의 밤색
연밤 연한 밤색
색동 두가지 색상으로 작업(FROST)
몰드 MOLD(CAP 형태를 잡기 위한 기초 재료)
전두 FREEDOM(전체 가모)
패턴 가모를 제조하기 위한 기초 모형(PATTERN)
파트 가르마 부분(PART)
내면모 가모 이마 부분의 안쪽에 심는 머리
애벌 컷트 가모 착용을 하기 위한 기초 컷트 작업
틴닝 THINNING
시저스 가위(SCISSORS)
후두 부분 머리 뒷 부분
CLIP 가모를 착용하기 위한 도구
착탈 가모를 착용하고 벗는 다는 용어

이퀄커트(Equal Cut) 같은 길이로 모발을 잘라 간추리는 것

익스텐션(Extention) 붙이는 머리의 일종으로 머리의 길이, 양감, 다른 질감을 더하며, 원하는 부위에 자유스럽게 다룰 수 있는 것이 특징이다.

인레이어드 커트(Inlayered Cut) 커트의 단면이 아래로 내려감에 따라 안에 들어있는 것으로 하는 그라쥬에이션 커트를 말한다.

일벌루트(Involute) 안으로 말다 의 뜻으로 헤어드레싱에서 모발 끝을 위쪽으로 말아 올린 것이다.

인크리스 헤어커팅(Increase Hair Cutting) 모발의 길이를 확대, 증가시키는 헤어커트기법

원렝스 커트(One-Length cut) 두피에 대해서 각도는 0도의 상태로, 동일선상에서 모아서 커트하는 스타일의 명칭

지오메트릭스 커트(Geometric Cut) 기하학적인 직선의 구성된 스타일로 사선 커트의 기본 개념이 되어있다.

체크커트(Check cut) 커트 완성 후 미숙된 부분 또는 잘못된 부분이 있는 가 다시 점검하는 커트로써 크로스커트(Cross Cut)와 동의어이다.

크립핑(Clipping) 튀어나온 머리카락을 정발하여 자르는 것

컨벡스 (Convex) 볼록한 면이 커트하는 디자인 라인이나 핑거 웨이브의 볼록 튀어나온 면으로 컨케이브의 상대개념이다. 보통 U자형 볼록 곡선, 구의바깥(Exterior)처럼 바깥쪽으로 휘어진 표면, 머리의 둥근 형태에 따라서 아치 형태로 되어있는 라인을 말한다.

컨슈머 스타일(Consumer Style) 소비자 중심의 헤어스타일을 컨테스트용(대회용)으로 만든것

컨케이브(Concave) 오목한 면으로 커트하는 디자인라인이나 핑거 웨이브의 오목하게 들어간 면으로 컨벡스의 상대개념이다. A자형, 오목곡선, 머리의 둥근 형태와는 반대로 아치 형태로 되어 있는 라인으로 움푹 들어갔다는 의미이다. 기본적인 커트라인의 하나로, 인레이어와 아웃레이어로 구성된 들어간 라인의 모양이며, 머리숱을 적어보이게 한다.

컨투어 테이퍼링(Contour Tapering) 한 형태 안에서 치밀도를 얻기 위해 머리숱의 밀도를 감소시키거나 머리카락 끝의 유동성을 증대시키는 짜임새를 갖게 하는 기술로 신닝(Thinnig)이라고도 한다.

크로스 쳇킹(Cross Checking) 십자형을 교차시켜 가면서 체크 커트 하는 것

테이퍼링(Tapering) 머리끝을 점차적으로 가늘게 숱을 쳐내는 것

트리밍(Trimming) 형이 완성되어 있는 라인을 가볍게 쓰다듬듯이 하면서 수정, 정발하는 것

틴닝(Thinning) 전체 길이를 줄이는 일없이 안쪽으로 길이를 짧게 하여 머리를 엷게 숱쳐 내는것

포인트 커트(Point cut) 잘 정돈된 모발 끝을 지그재그로 커트하여 모발 끝의 질감을 내는 커트기법

페퍼 라운드 커트(Paper round cut) 마치 종이를 자를 때와 같이 가위를 개패 시킬 때 약간 머리를 커트하는 것

휭거 라운드 커트(Finger roung cut) 손가락을 약간 구부리면서 커트선을 둥글게 커트하는 기법

용어 해설

Wig

재단 FIBER CUT(원료를 규격대로 자르는 작업)
정모 원사를 정리하는 작업
계량 CHECK WEIGHT(규격대로 중량 준비 작업)
쌍침 미싱 바늘이 2개씩 장착 된 미싱으로 3개 미싱 1조.
미노 WEFT(가모를 제조하기 위하여 재봉사로 원사를 봉제하는 작업)
고침 미노 용어 를 CAP에 부착하는 미싱.
수제 가모 원사를 CAP에 심는 작업 공정.
모장 HAIR LENGTH(원사의 길이)
모질 HAIR QUALITY(원사의 품질)
모량 HAIR DENSITY(원사의 분포 량)
땀수 1" 간격내의 미싱 바늘 수.
비정 원사의 끝 부분을 똑같이 하지 안음.
진밤 진한 밤색
중밤 중간 정도의 밤색
연밤 연한 밤색
색동 두가지 색상으로 작업(FROST)
몰드 MOLD(CAP 형태를 잡기 위한 기초 재료)
전두 FREEDOM(전체 가모)
패턴 가모를 제조하기 위한 기초 모형(PATTERN)
파트 가르마 부분(PART)
내면모 가모 이마 부분의 안쪽에 심는 머리
애벌 컷트 가모 착용을 하기 위한 기초 컷트 작업
틴닝 THINNING
시저스 가위(SCISSORS)
후두 부분 머리 뒷 부분
CLIP 가모를 착용하기 위한 도구
착탈 가모를 착용하고 벗는 다는 용어

이퀄커트(Equal Cut) 같은 길이로 모발을 잘라 간추리는 것

익스텐션(Extention) 붙이는 머리의 일종으로 머리의 길이, 양감, 다른 질감을 더하며, 원하는 부위에 자유스럽게 다룰 수 있는 것이 특징이다.

인레이어드 커트(Inlayered Cut) 커트의 단면이 아래로 내려감에 따라 안에 들어있는 것으로 하는 그라쥬에이션 커트를 말한다.

일벌루트(Involute) 안으로 말다 의 뜻으로 헤어드레싱에서 모발 끝을 위쪽으로 말아 올린 것이다.

인크리스 헤어커팅(Increase Hair Cutting) 모발의 길이를 확대, 증가시키는 헤어커트기법

원렝스 커트(One-Length cut) 두피에 대해서 각도는 0도의 상태로, 동일선상에서 모아서 커트하는 스타일의 명칭

지오메트릭스 커트(Geometric Cut) 기하학적인 직선의 구성된 스타일로 사선 커트의 기본 개념이 되어있다.

체크커트(Check cut) 커트 완성 후 미숙된 부분 또는 잘못된 부분이 있는 가 다시 점검하는 커트로써 크로스커트(Cross Cut)와 동의어이다.

크립핑(Clipping) 튀어나온 머리카락을 정발하여 자르는 것

컨벡스 (Convex) 볼록한 면이 커트하는 디자인 라인이나 핑거 웨이브의 볼록 튀어나온 면으로 컨케이브의 상대개념이다. 보통 U자형 볼록 곡선, 구의바깥(Exterior)처럼 바깥쪽으로 휘어진 표면, 머리의 둥근 형태에 따라서 아치 형태로 되어있는 라인을 말한다.

컨슈머 스타일(Consumer Style) 소비자 중심의 헤어스타일을 컨테스트용(대회용)으로 만든것

컨케이브(Concave) 오목한 면으로 커트하는 디자인라인이나 핑거 웨이브의 오목하게 들어간 면으로 컨벡스의 상대개념이다. A자형, 오목곡선, 머리의 둥근 형태와는 반대로 아치 형태로 되어 있는 라인으로 움푹 들어갔다는 의미이다. 기본적인 커트라인의 하나로, 인레이어와 아웃레이어로 구성된 들어간 라인의 모양이며, 머리숱을 적어보이게 한다.

컨투어 테이퍼링(Contour Tapering) 한 형태 안에서 치밀도를 얻기 위해 머리숱의 밀도를 감소시키거나 머리카락 끝의 유동성을 증대시키는 짜임새를 갖게 하는 기술로 신닝(Thinnig)이라고도 한다.

크로스 첵킹(Cross Checking) 십자형을 교차시켜 가면서 체크 커트 하는 것

테이퍼링(Tapering) 머리끝을 점차적으로 가늘게 숱을 쳐내는 것

트리밍(Trimming) 형이 완성되어 있는 라인을 가볍게 쓰다듬듯이 하면서 수정, 정발하는 것

틴닝(Thinning) 전체 길이를 줄이는 일없이 안쪽으로 길이를 짧게 하여 머리를 엷게 숱쳐 내는것

포인트 커트(Point cut) 잘 정돈된 모발 끝을 지그재그로 커트하여 모발 끝의 질감을 내는 커트기법

페퍼 라운드 커트(Paper round cut) 마치 종이를 자를 때와 같이 가위를 개패 시킬 때 약간 머리를 커트하는 것

휭거 라운드 커트(Finger roung cut) 손가락을 약간 구부리면서 커트선을 둥글게 커트하는 기법